Axel Ziemke

System und Subjekt

Wissenschaftstheorie
Wissenschaft und Philosophie

Gegründet von Prof. Dr. Simon Moser, Karlsruhe

Herausgegeben von Prof. Dr. Siegfried J. Schmidt, Siegen

Axel Ziemke

System und Subjekt

Biosystemforschung und Radikaler Konstruktivismus im Lichte der Hegelschen Logik

Die Deutsche Bibliothek – CIP-Einheitsaufnahme

Ziemke, Axel:
System und Subjekt: Biosystemforschung und radikaler
Konstruktivismus im Lichte der Hegelschen Logik /
Axel Ziemke. – Braunschweig; Wiesbaden: Vieweg, 1992
   (Wissenschaftstheorie, Wissenschaft und Philosophie; 36)
   ISBN 978-3-322-96878-4   ISBN 978-3-322-96877-7 (eBook)
   DOI 10.1007/978-3-322-96877-7
NE: GT

ISSN 0939-6268

ISBN 978-3-322-96878-4

Als ich 1983 mein Studium der Biochemie an der damaligen Sektion Biowissenschaften der Martin – Luther – Universität Halle begann, war mein wesentliches Motiv dafür so abstrakt wie universal: Ich wollte das "Geheimnis des Lebendigen" ergründen. Es ist wohl meinen ausgezeichneten Lehrern am Wissenschaftsbereich Biochemie dieser Sektion zu verdanken, daß an die Stelle dieses "Allgemeinplatzes" recht bald das "Abenteuer Forschung" als wesentlicher Antrieb meiner Studien trat. Doch losgelassen hat mich dieses Problem nie. Um so schwerer wog für mich, daß ich einer Lösung weder durch meine experimentellen Arbeiten, noch durch meine theoretischen Studien näherzukommen schien. So entschloß ich mich, nach Abschluß meines Biochemiestu – diums ein Forschungsstudium an der philosophischen Fakultät meiner Universität zu beginnen. Dieser Entschluß fiel mir gewiß nicht leicht, war mir doch eine "geistlose" Naturwissenschaft immer noch lieber als eine "substanzlose" Philosophie. Doch er wurde bald belohnt. In der Logik Hegels fand ich, wenn auch auf ganz und gar spekulativer Basis, zumindest einen Ansatz für die Beantwortung meiner Fragen. Gleichzeitig lernte ich verschiedene Systemkonzepte kennen, die Anspruch auf Anwendbarkeit in der Biologie erhoben, aber den meisten experimentell orientierten Naturwissenschaftlern (in der DDR ?) bestenfalls als beiläufige "Exoten" bekannt waren. Am faszinierendsten war für mich, daß einige dieser Ansätze ganz deutlich "Hegelschen Geist" zu atmen schie – nen. Dieser Faszination eine gleichermaßen für die Wissenschaften wie auch die Philosophie nutzbringende Form zu geben, wurde Anliegen meiner Dissertation "System und Subjekt – Versuch einer Reinterpretation der Begriffe des kybernetischen, selbst – organisierenden und autopoietischen Systems in ihrer Anwendung auf das lebende Individuum an Hand der Genese des Subjektbegriffes in der Hegelschen 'Wissenschaft der Logik'".
Das vorliegende Buch ist eine (besonders hinsichtlich ihrer "Leserfreundlichkeit") überarbeitete Fassung dieser Dissertation. Sein besonderer Wert sollte in der engen Verflechtung eines anspruchsvollen philosophischen Konzepts mit einer detaillierten Aufarbeitung der Anwendung der o.g. Systemkonzepte in Biologie, Neurowissenschaften und Psychologie bestehen, die gleichermaßen die wissenschaftliche Fundierung des philosophischen Ansatzes wie auch die philosophische Analyse und Kritik der wissen – schaftlichen Theorien unter Schaffung einer heuristischen Basis für ihre Weiterent – wicklung ermöglicht. Wenn dem Leser dieser Anspruch überzogen erscheint, so kann

dieses Buch vielleicht den Wissenschaftler ein wenig mit dem heuristischen Potential einer alten, für die europäische Geistesgeschichte äußerst bedeutsamen Philosophie bekanntmachen und dem Geisteswissenschaftler einen straffen Überblick über Ergebnisse der neueren Biosystemforschung liefern. Die einleitend in Thesenform aufgeführte Zusammenfassung bietet einen grundlegenden Überblick über den Gedankengang des Buches, der dem lediglich an Detailfragen interessierten Leser das Verständnis einzelner Kapitel oder Abschnitte ermöglicht.

Für das philosophische Moment der Arbeiten bot mir die ehemalige DDR gute Voraussetzungen, wurde doch das ("kritische") Studium der Hegelschen Philosophie als einem Vorläufer des zur Staatsphilosophie verbogenen "Marxismus – Leninismus" (in gewissen Grenzen) gefördert. Ganz anders steht es um das Studium der wissenschaftlichen Entwürfe. Hier war es gerade die Literaturbeschaffung, die sich im Verlauf meiner Studien als äußerst problematisch erwiesen hat. Der mit den Ansätzen vertraute Leser wird daher gewiß das Fehlen einiger Standardwerke (gerade im zweiten Kapitel) bemerken. Das so notwendige Ausweichen auf Übersichtsartikel könnte in gewissen Grenzen der Vollständigkeit der Darstellung abträglich geworden sein oder manche nicht so bedeutende Ansätze überbetonen. Hierfür bitte ich um Verständnis.

Die wesentlichere Unzulänglichkeit dieses Buches mag darin begründet liegen, daß der Verfasser ebensowenig ein "richtiger" Philosoph wie ein "richtiger" Naturwissenschaftler ist. Trotzdem erhebt dieses Buch den gewiß nicht bescheidenen Anspruch, ein kleiner Beitrag zur Entwicklung einer wissenschaftlich fundierten Philosophie wie auch einer philosophisch intendierten Wissenschaft zu sein.
Für Kritik, Ermutigung und anderweitige Unterstützung bei der Erarbeitung des Themas und nicht zuletzt für die Hilfe bei der Literaturbeschaffung danke ich Arno Bamme (Klagenfurt), Hartmut Gorgs (Halle), Dietmar Hansch (Berlin), Wolfgang Jantzen (Bremen), Reinhard Mocek (Halle), Uwe Niedersen (Halle), Ulrike Oberheber (Klagenfurt), Gerhard Portele (Hamburg), Peter Richter (Dresden), Gerhard Roth (Bremen) und Konrad Stöber (Halle).
Mein besonderer Dank für die vielfältige Unterstützung bei der Erarbeitung, Überarbeitung und Publikation dieser Arbeit gilt Siegfried Jürgen Schmidt (Siegen).

Inhaltsverzeichnis

0 ZUSAMMENFASSUNG

1. "Wir erzeugen die Welt, in der wir leben, indem wir sie leben". Ausgehend von seiner Biologie der Kognition deutet H.Maturana mit dieser Aussage den in dieser Theorie konzeptualisierten grundsätzlichen Wandel von Wirklichkeitsbegriff und Menschenbild an. Auf der Basis einer Theorie autopoietischer Systeme erarbeitete er eine Alternative zu einem Wirklichkeitsbegriff, der wesentlich durch die Wissenschaft der Neuzeit mit ihrem Anspruch der objektiven Erkenntnis einer von den "Wirk – ursachen" beherrschten Welt etabliert wurde. Eben diese fundamentale Methode implizierte in den Bio – und Verhaltenswissenschaften einen bis heute nicht über – wundenen Dualismus mechanistisch – reduktionistischer und teleologisch – vitalistischer Erklärungsprinzipien.

2. Diese erstmals von I.Kant (insbesondere) im dritten Widerstreit der Antinomien der reinen Vernunft in aller Schärfe aufgezeigte Dichotomie im Bild von Mensch und Wirklichkeit findet ihre Auflösung in der Philosophie G.W.F.Hegels. Aus der Ver – mittlung von Zweck und Mechanismus ergibt sich das lebende Individuum als Subjekt, als "der Selbstzweck, der Begriff, welcher an der ihm unterworfenen Objektivität sein Mittel und subjektive Realität hat". Verbunden mit dieser Vermittlung ist die fun – damentale Kritik am "bisherigen Begriff der Logik, daß das Objekt ein für sich Voll – endetes, Fertiges sei, das des Denkens zu seiner Wirklichkeit völlig entbehren könne".

3. Eben eine solche Vermittlung von Teleologie und Mechanismus als ein nicht – vitalistischer Zugriff auf die Probleme der Zweckmäßigkeit, Ganzheit und Adaptivität lebender Individuen ist ein Zentralthema systemtheoretischer Forschungen seit der Mitte unseres Jahrhunderts. Die vorliegende Arbeit verfolgt das Ziel, die Genese des Subjektbegriffes in der Hegelschen "Wissenschaft der Logik" als heuristische Basis für die logische Differenzierung und Bewertung der Theorien kybernetischer, selbstorga – nisierender und autopoietischer Systeme zu verwenden, um notwendige Richtungen ihrer Weiterentwicklung aufzuzeigen.

4. Im Rückkopplungskreis als wesentlicher Analyseeinheit der Kybernetik wird der Zweck als gegebener Sollwert/Endzustand konzeptualisiert. Die Frage nach der

Zwecksetzung findet ihre Antwort über den Systembegriff in der Vorgabe vom Über –
system her. In jedem vom Beobachter abgegrenzten System existieren so gegebene
Sollwerte oder Regeln, deren Setzung innerhalb dieses Systems nicht hinterfragt
werden kann. Der kybernetische Systembegriff folgt somit der Logik einer äußerlichen
Zweckbeziehung, die Hegel im Begriff des "subjektiven Zweckes" faßt: Der Zweck hat
"wahrhaft außerweltliche Existenz"; ihm steht das System als "ein noch nicht vom
Zweck bestimmtes und durchdrungenes Ganzes gegenüber".

5. Der kybernetische Systembegriff erlaubt, die Funktion des lebenden Organismus als
hierarchisches System von Organsystemen, Organen, Geweben, Zellen, Organellen etc.
zu fassen. Durch diesen Begriff wird in Abhebung gegenüber den reflexologisch orien –
tierten Neurowissenschaften die Erfassung der Spontanaktivität lebender Individuen
und in Überwindung des Behaviorismus in den Verhaltenswissenschaften eine bedeu –
tende Erweiterung des Validitätsbereichs empirischer Forschung möglich. Die wesent –
lichen konzeptionellen Probleme der Anwendung des kybernetischen Systembegriffs auf
das lebende Individuum und sein Verhalten (etwa Bedeutung, Intentionalität, Ganzheit,
Subjektivität) ergeben sich aus der Unbeantwortbarkeit der Frage nach den "letzten"
Zwecksetzungen innerhalb des Systembegriffs. Die wesentlichen empirischen Probleme
resultieren aus der nur möglichen, aber nicht wirklichen Bestimmung von Subsystem
und Input durch das System, die aus der Äußerlichkeit der Zweckbeziehung resultiert.

6. Das Erkenntnissubjekt setzt im Erkenntnisprozeß den Zweck, das Erkenntisobjekt
zu erkennen. Wissenschaftliches Erkennen zeichnet sich dabei durch methodisches
Vorgehen aus. Moment einer solchen Methode kann ein Modell sein. In Bezug auf das
Modell als Erkenntnismittel organisiert das Subjekt die erkennende Aneignung des
Forschungsobjekts. Über die so bestimmte äußerliche Zweckbeziehung auf das kyber –
netische System als Modell erweist sich das Erkenntnissubjekt als Quelle der Setzung
jener "letzten Zwecke". Die wesentlichen konzeptionellen Probleme dieses System –
begriffes lösen sich in dieser wirklichen Ganzheit auf. Da die Zwecksetzung selbst auf
Grund der Äußerlichkeit der Zweckbeziehung nicht modelliert werden kann, erweist
sich der kybernetische Systembegriff der Modellierung lebender Individuen als Subjekte
nicht angemessen.

7. Die in sich reflektierte Zweckbeziehung, deren Fehlen als wesentliches Defizit des
kybernetischen Systembegriffes herausgestellt wurde, läßt sich im Begriff des selbst –

organisierenden Systems fassen. Auf Grundlage der bereits von I.Prigogine erfaßten Prinzipien der Energiedissipation, Fluktuation und Bifurkation/autokatalytische Verstärkung läßt sich an Hand der von H.Haken erarbeiteten Prinzipien der Selektion und Versklavung zeigen, wie die "Elementparameter" als Mittel dem "Ordnungspara – meter" als Zweck im Hegelschen Sinne "schlechthin durchdringlich und empfänglich" werden und "keine Kraft des Widerstands mehr gegen ihn" haben, indem sie in der Konkurrenz   verschiedener Moden einer der Logik der "teleologischen Tätigkeit" entsprechenden "zyklischen Kausalität" (Haken) folgen, so "daß der Zweck in dem Mittel erreicht" und "im erfüllten Zwecke Mittel und Vermittlung erhalten ist".

8. Durch die Erfassung dieser dem Hegelschen Begriff des "ausgeführten Zweckes" entsprechenden inneren Zweckbeziehung ist die Überwindung wesentlicher konzeptio – neller und empirischer Inkonsistenzen des kybernetischen Systembegriffes in seiner Anwendung auf lebende Individuen möglich. Es liegen auf dieser Grundlage elegante Modelle biologischer, neurowissenschaftlicher und psychologischer Problemstellungen vor. Wesentliche konzeptionelle Inkonsistenzen ergeben sich aus der Unmöglichkeit der theoretischen Erfassung der je spezifischen Wechselwirkung des selbstorganisierenden Systems mit seinen Randbedingungen. Der wesentlich empirische Mangel ist, daß die Fälle, in denen eine über die bloße Analogiebildung hinausgehende mathematische Formalisierung der Selbstorganisationsprozesse möglich ist, in der Regel hochgradig ökologisch invalide sind.

9. Wesentliche Differenz zwischen ausgeführtem Zweck im Kontext der Hegelschen Logik und dem Begriff des selbstorganisierenden Systems ist, daß bei Hegel vor jeder ausgeführten Zweckbeziehung der subjektive (äußerliche) Zweck steht. Diese äußer – liche Zweckbeziehung, von der in diesem System als Modell abstrahiert wird, ist die experimentelle Setzung der Randbedingungen durch das Erkenntnissubjekt. Der ausgeführte Zweck ist so nichts als die in sich reflektierte Zweckbeziehung des Er – kenntnissubjekts auf das System. Mit dieser Abstraktion ergibt sich die Unmöglichkeit, das je spezifische Verhältnis des Systems zu seinen Randbedingungen zu erfassen. Im Falle des lebenden Individuums ergibt sich diese Spezifik nach Hegel im "Lebens – prozeß", in dem "seine Entstehung, die ein Voraussetzen war, nun seine Produktion wird", so daß   die im Begriff des selbstorganisierenden Systems gesetzten und von diesem immer nur vorausgesetzten Randbedingungen nun als vom System selbst produziert gezeigt werden müssen. Die Selbstbestimmung der Randbedingungen des

Systems wie seiner Subsysteme erweist sich empirisch als über diesen Systembegriff nicht faßbar. Auch der Begriff des selbstorganisierenden Systems erweist sich so als der Modellierung lebender Individuen als Subjekt (wie auch ihrer Subsysteme) nicht angemessen.

10. Der Lebensprozeß, dessen fehlende Erfassung als wesentliches Defizit des selbst – organisierenden Systems gezeigt werden kann, läßt sich im Begriff des autopoietischen Systems konzeptualisieren. Die Definition der autopoietischen Maschine als Netzwerk der Produktion von Bestandteilen, die kontinuierlich das sie erzeugende Netzwerk von Prozessen neu generieren, erlaubt, sie als Selbstzweck, als innere Zweckbeziehung zu fassen. Über ihre Definition als Einheit durch die Bestimmung des topologischen Bereiches ihrer Verwirklichung mittels jener Bestandteile wird erfaßt, wie das lebende Individuum durch die Dynamik der Transportvorgänge an zellulären Membranen bestimmt, daß "die Äußerlichkeit in", und durch die Koordination von Reizbarkeit und Bewegung, daß "die Äußerlichkeit an" das Lebendige kommt, "nur insofern sie schon an und für sich in ihm ist". Durch die so möglichen strukturellen Kopplungen werden die Randbedingungen im Lebensprozeß durch das System "als Objekt so angeeignet, daß es ihm die eigentümliche Beschaffenheit nimmt, es zu seinem Mittel macht und seine Subjektivität ihm zur Substanz gibt".

11. Auf der Ebene des Nervensystems wird durch dessen operationale Geschlossenheit unter Einbeziehung der Interaktionen von effektorischen und sensorischen Oberflächen über die Umwelt auch dessen Bestimmung durch eine vorausgesetzte Umwelt als Randbedingung (die zumeist unter dem Problem der "Informationsverarbeitung" gefaßt wird) in Produktion verwandelt, indem die Objekte des Systems als "greifbare Symbole für Eigenverhalten" im v.Foersterschen Sinne durch nichts anderes als sich rekursiv aufeinander beziehende Operationen des Nervensystems   spezifiziert werden. Als Konsequenz einer solchen Biologie der Kognition ergibt sich: "Erkennen ist effektives Handeln" (Maturana und Varela). Die operationale Auflösung des Objekts entspricht so der Bestimmung von Wirklichkeit als Tätigkeit des Subjektes im Sinne Hegels, aber auch der Marxschen 1.Feuerbachthese. Neben der intuitiv über die Fassung des leben – den Individuums als Referenzzentrum im Sinne W.R.Ashbys leicht zugänglichen Interaktion von Sensorium und Motorium in der Handlung, lassen sich auch fortge – schrittene neurowissenschaftliche und psychologische Theorien der Wahrnehmung aufführen, die zeigen, wie auch das Objekt der Wahrnehmung streng innerhalb dieser

"sensorisch – motorischen Reziprozität" konstruiert wird. Durch die so möglichen Kopplungsbeziehungen mit dem Medium ist Erkennen ganz im Hegelschen Sinne weder einseitige Aufnahme der Bestimmungen aus dem Gegenstand noch einseitige Setzung des Subjekts, sondern "ein Setzen, welches sich ebenso unmittelbar als Voraussetzen bestimmt". Über den Begriff des autopoietischen Systems und der operationalen Geschlossenheit des Nervensystems ist so die Modellierung des lebenden Individuums als Subjekt formal möglich.

12. Mit der Erfassung des autopoietischen Systems als Subjekt und der zu seiner Erfassung notwendigen Abhebung der Rolle des Beobachters sind wesentliche methodologische und theoretisch – formale Probleme verbunden. Es werden die Grenzen des kontrollwissenschaftlich – experimentellen Variablenschemas erreicht, in dem immer nur das vom Beobachter registrierte Reagieren des Erkenntis"objekts" in Beziehung zu den vom Beobachter bestimmten Randbedingungen des Experiments gesetzt werden und somit der Lebensprozeß als Produktion der dem System gemäßen Randbedingungen durch das System unerfaßt bleibt. Der Informationsbegriff verliert seine Anwendbarkeit in der theoretischen Modellierung, da auch er lediglich Unterscheidungen des Beobachters bezüglich des Outputs des Systems zu Unterscheidungen des Beobachters bezüglich des Inputs des Systems in Beziehung setzt und somit von den Unterscheidungen, die das System selbst trifft, abstrahiert. Da sich das autopoietische System in seiner Subjektivität als Objekt der Erkenntnis des Erkenntissubjekts nur vermittelt (über einen "konsensuellen Bereich") beschreiben läßt, reicht der Wertevorrat der klassischen Logik nicht mehr zu seiner Darstellung aus. Als empirische Alternativen bieten sich eingreifende oder (bedingt) nicht – reaktive Forschungsmethoden in den Verhaltens – wissenschaften an. Eine Alternative zur formalen Darstellung liefert neben der Kybernetik zweiter Ordnung H.v.Foersters die von G.Günther im Anschluß an Hegel erarbeitete Transklassische Logik. Die über Perturbationen erzeugte strukturelle Kopplung von System und Medium über einen Interaktionsbereich läßt sich über eine dreiwertige Logik als Stellenwertsystem von drei zweiwertigen Logiken beschreiben, das über transjunktionale Operationen generiert wird.

13. Im Gegensatz zu H.Maturanas Ansatz ist die Beschreibung des lebenden Individuums als Subjekt sowohl im "Radikalen Konstruktivismus" E.v.Glasersfelds in philosophischer als auch über die "Weiterentwicklung" der Theorie durch G.Roth in einzeltheoretischer Hinsicht nur begrenzt möglich. Insbesondere durch die permanente

theoretische Vernachlässigung der motorischen Aktivität beschränkt sich die konstruk –
tive Aktivität in beiden Ansätzen auf die Bedeutungszuweisung zu gegebenen, wenn
auch subjektseitig gefaßten "Erfahrungspartikeln". Trotz der eminenten Wichtigkeit
dieser Prozesse und der weitgehenden Parallelität wesentlicher epistemologischer und
ethischer Konsequenzen kann nicht gezeigt werden, wie die Voraussetzung der senso –
rischen Erregungsursachen in Produktion verwandelt wird. Das System bestimmt so
seine Randbedingungen wiederum nur der formellen Möglichkeit nach, nicht wirklich.
Das Objekt der Erkenntnis erscheint als "Urbild", das mit dem neuronalen Konstrukt
nicht vergleichbar ist, wird aber nicht selbst analog zu einem Eigenwert der operatio –
nalen Struktur des Systems operational aufgelöst. Das logische Thema der Affirmation
bzw. das epistemologische Thema der "ontologisierten Wirklichkeit" in den orthodoxen
Wissenschaften wird so "lediglich" durch das Thema der Negation bzw. des schöpferi –
schen "Subjekts" abgelöst, nicht jedoch die entsprechenden Dualismen überwunden, wie
im Falle einer Theorie in sich vermittelter Systeme.

14. Das lebende Individuum ist über das Modell des autopoietischen Systems lediglich
in seiner formalen Bestimmung erfaßt. Über die Struktur des Systems läßt sich mittels
des im Modell konzeptualisierten Organisationsbegriffes nichts weiter aussagen, als daß
sie dem Überleben des Systems nicht entgegenstehen kann. Lebende Individuen "orga –
nisieren" ihr Überleben jedoch, indem sie ihre Struktur permanent über tätigkeitsver –
mittelnde, streng selbstreferentielle Wertkriterien "optimieren", so daß die Organisation
die Struktur real bestimmt. Dieser Organisationsbegriff kann entsprechend lediglich
zeigen, wie der (Selbst –) Zweck des Überlebens zu einer permanent von Perturba –
tionen ausgelösten Entwicklung unter Bildung neuer Kopplungsbeziehungen führt.
Lebende Systeme vollziehen jedoch spontan ihre Selbstentwicklung unter Hervor –
bringung neuer Zwecke. Dieser philosophische Mangel findet seine metatheoretische
Entsprechung in dem dem Konzept zugrundegelegten Homöostasebegriff, im Kontext
dessen die Organisation gleichgültig gegen die Struktur ist, in die das System nach
einer Perturbation "zurückkehrt", ohne zusammenzubrechen. Eine reale Bestimmung
läßt sich zeigen, indem im Rahmen chronobiologischer Regulationsmodelle Prinzipien
der Theorien der Selbstorganisation unter strenger Berücksichtigung der operationalen
Geschlossenheit des Systems in der Theorie der Autopoiese "aufgehoben" werden.
Mittels eines solchen Modells wäre eine reale Bestimmung des lebenden Individuums
als Subjekt möglich.

15. Für H.Maturana zählt die Fortpflanzung (Selbstreproduktion) nicht zu den kon −
stitutiven Merkmalen des Phänomens Leben. Hingegen ist der Hegelschen Logik
folgend das lebende Individuum erst unter Einbeziehung des biologischen Gattungs −
zusammenhangs "als konkrete Totalität identisch mit der unmittelbaren Objektivität",
d.h. indem es die Voraussetzung des elterlichen Fortpflanzungs − und Brutpflege −
verhaltens in eine (zeitlich versetzte) Produktion verwandelt. Ebenso muß entspre −
chend die Expression und Replikation des genetischen Materials auf molekularer
Ebene (entgegen H.Maturanas Fassung der DNA als ein Bestandteil wie alle anderen)
über eine Logik von Setzung und Voraussetzung modelliert werden. Der biologische
Gattungszusammenhang als Netz interindividueller Fortpflanzungsbeziehungen läßt sich
auf diese Weise als konsensueller Bereich im Sinne H.Maturanas beschreiben. Auf
dieser Grundlage wäre es möglich, die Phylogenese auf nicht − lamarckistische Weise
als wesentlich über das Verhalten der Individuen im Populationszusammenhang struk −
turierte Selbstentwicklung von Populationen zu konzeptualisieren.

16. Der als konsensueller Bereich faßbare biologische Gattungszusammenhang ist
durch ein Netz unmittelbar − interindividueller Beziehungen ausgezeichnet. Nach Hegel
ist es gerade die Überwindung dieser Unmittelbarkeit, die den menschlichen Gattungs −
zusammenhang ausmacht und so "die Idee, welche sich zu sich als Idee verhält, das
Allgemeine, das die Allgemeinheit zu seiner Bestimmtheit und zu seinem Dasein hat"
produziert. Diese Selbstbezüglichkeit faßt auch H.Maturana als konstitutiv für die
Sprache als spezifisch menschlichem Gattungszusammenhang, die etabliert ist, wenn sich
Handlungen im sprachlichen Bereich koordinierend auf Handlungen beziehen, die
ebenfalls dem sprachlichen Bereich zugehören. Der Begriff der "Aufhebung" (der
interindividuellen Beziehung) ist (wie schon im Falle der Randbedingungen) als Ver −
mittlung unterschiedlicher (Realitäts −)Bereiche gefaßt, so daß das individuelle System
in Bezug auf Sprache streng innerhalb seiner operationalen Geschlossenheit seine
operationale Struktur reorganisieren kann.

17. Für Hegel ergibt sich die logische Genese des menschlichen Gattungszusammen −
hangs über theoretische und praktische Idee und deren Synthesis zur absoluten Idee.
Lediglich unter Voraussetzung dieser absoluten Idee, in der die einzelnen Subjekte
untereinander und damit diese mit der über die absolute Methode konstituierte
objektiven Realität zur Identität gelangen, ist es Hegel möglich, im Verlauf seiner Logik
von "Objektivität" zu sprechen. Nimmt man dem Hegelschen System, seinen vielen

Kritikern folgend, mit der absoluten Idee die "Spitze", treten an die Stelle dieser "Objektivität" wiederum die über den Gattungszusammenhang als soziale Wirklichkeit vermittelten individuellen Wirklichkeiten. Wissenschaftliche Erkenntnis ergibt sich so im Sinne von 6. als über methodisches Vorgehen vermittelter Gattungszusammenhang. Lebende Systeme, wie ihre Nervensysteme sind so im Prozeß ihrer Konstruktion von Wirklichkeit ganz im Sinne von H.Maturanas Biologie der Kognition und H.v.Försters Kybernetik zweiter Ordnung nicht im Unterschied zu einer "objektiven Realität", sondern zum Beschreibungsbereich eines Beobachters als Moment dieses Bereiches zu konzeptualisieren.

18. H.Maturana beschränkt den menschlichen Gattungszusammenhang auf die Sprache. Es läßt sich jedoch in Bezug auf marxistische Konzeptionen zeigen, daß der Bereich der produktiven Tätigkeit seinen formalen Merkmalen nach den von H.Maturana für die Sprache explizierten entspricht. Ihrer Herkunft nach ("sprachlicher Bereich"/tra –dierte Werkzeugherstellung) dienen beide im Entwicklungskontext der konsensuell vermittelten ontogenetischen Neuorganisation individueller Handlungsstrukturen. In ihrer reifen Herausbildung beziehen sich Handlungen im sprachlichen Bereich koor –dinierend auf Handlungen im sprachlichen Bereich, wie sich werkzeugvermittelte Tätigkeit koordinierend auf werkzeugvermittelte Tätigkeit bezieht. Mit der reifen Entfaltung arbeitsteiliger Gesellschaftstrukturen beziehen sich letzlich beide in so enger Verzahnung aufeinander, daß die Sprache und ihre Institutionen als "besondere Weisen der Produktion" (Marx) wie die Produktion als besondere Weise der Kom –munikation begriffen werden muß.

19. Ebenso wie die Arbeitsteilung als reife Entwicklungsform der Produktion nach K.Marx historisch zu einem Zustand führt, in dem dem Menschen seine Arbeit und ihr Produkt als "fremde Macht" gegenübertritt, so erzeugt die Sprache nach H.Maturana den Zustand "einer grundlegenden Art der Entfremdung", indem den Menschen die von ihnen selbst (konsensuell) konstruierte Wirklichkeit als etwas scheinbar "Objekti –ves" gegenübertritt. Beide Formen von Entfremdung führen zu einer Entfremdung des Menschen vom Menschen. "Die Anrufung der Objektivität ist gleichbedeutend mit der Abschaffung der Verantwortlichkeit; darin liegt ihre Popularität begründet" – so H.v. Förster. Entgegen der von K.Marx vertretenen sozialökonomischen Perspektive impliziert (und fundiert) H.Maturanas Ansatz eine auf "Liebe" bzw. gegenseitige Akzeptanz gerichtete ethische Perspektive, eine Perspektive, die heute umso wichtiger

ist, als die jüngste Geschichte gezeigt hat, daß die "zivilisatorische Funktion des Kapitals" (Marx) sich (noch?) bei weitem nicht erschöpft hat. Ein wesentliches Moment dieser Perspektive sollte der Übergang von einer Wissenschaft auf Grundlage einer objektivistischen Epistemologie mit "aufgesetzter" Ethik zu einer "radikal mensch – bezogen konzeptualisierten" Wissenschaft (Rusch,Schmidt) sein, deren Methoden der Konstruktion einer menschlichen Wirklichkeit angemessen sind.

1 MENSCHENBILD UND WIRKLICHKEIT

"Im ersten Viertel dieses Jahrhunderts sahen sich die Physiker und Kosmologen ge – zwungen, die grundlegenden Begriffe zu revidieren, die für die Naturwissenschaft bestimmend gewesen waren. Im letzten Viertel dieses Jahrhunderts dagegen werden die Biologen eine Revision all der Grundbegriffe erzwingen, die für die Wissenschaft schlechthin bestimmend sind" (v.Förster 1985,81; vgl. Bamme 1989).

So leitet v.Foerster seine "Bemerkungen zu einer Epistemologie des Lebendigen" ein. Gegenüber den sich regelmäßig wiederholenden Ankündigungen einer neuen "koper – nikanischen Wende" durch Vertreter der diese Wende gerade antizipierenden Wissen – schaft (so etwa Vollmer 1987, Capra 1988, Prigogine & Stengers 1990) zeichnet sich die von v.Foerster antizipierte durch einen grundlegenden Wandel des Begriffs von "Wirk – lichkeit" aus: Während die großen Paradigmenwechsel in der neueren Wissenschaft auf die Revolutionierung dessen ausgehen, wie Wirklichkeit zu beschreiben sei, geht diese Wende auf ein grundlegend neues Verständnis dessen aus, was Wirklichkeit ist.

Komplementär zu diesem Begriff von Wirklichkeit verläuft notwendigerweise ein Wandel der Vorstellung davon, was der "Mensch" sei, auf den diese Wirklichkeit wirkt. Was v.Foerster mit dieser Revision aller Grundbegriffe meint, deutet sich bei Maturana an, wenn er schreibt: "Menschen als autopoietische Systeme können nur in in ihren Kognitionsbereichen handeln und die Wirklichkeit als solche überhaupt nicht erkennen" (zit.n.Schmidt 1987).

Er konstruiert einen neuen Begriff von Wirklichkeit (Ziemke & Stöber 1990), wenn er schreibt: "Wir erzeugen buchstäblich die Welt in der wir leben, indem wir sie leben" (Maturana 1982,269).

Mit dieser Fassung von "Wirklichkeit" steht Maturana (der sich selbst nicht als Kon – struktivisten versteht – Roth 1990, persönliche Mitteilung) dem wesentlich auf E.v. Glasersfeld zurückgehenden "Radikalen Konstruktivismus" nahe, dessen Wirklichkeits – begriff sein Begründer mit den Worten umschreibt: "Meiner Ansicht nach ist die Tragik der abendländischen Erkenntnistheorie, daß sie von der zwar sehr verständlichen, aber unsinnigen Annahme ausgeht, daß das, was ich erkenne, schon da ist" (v.Glasersfeld 1984,5; 1987b,411). Entsprechend sieht er die Radikalität seines Konstruktivismus in der Nachfolge von Piaget und Ceccato in der Behauptung "daß die wahrnehmende (und begriffliche) Tätigkeit des erkennenden Subjekts nicht bloß in der Auswahl oder Transformation kognitiver Strukturen durch Interaktion mit 'gegebenen' Strukturen besteht, sondern vielmehr eine konstitutive Aktivität ist, die allein verantwortlich ist für jeden Typ oder jede Art der Struktur, die ein Organismus 'erkennt'" (1987,104).

Die Abhebung dieses Begriffs von Wirklichkeit erfolgt gegen einen Wirklichkeitsbegriff, der wesentlich durch die Wissenschaft der Neuzeit etabliert wurde.
Zentrierte sich im Mittelalter "Wirklichkeit" um das allgegenwärtige Wirken Gottes, war in dieser Zeit alles dem göttlichen Zweck und der Form seiner Schöpfung (der causa finalis und causa formalis des Aristoteles) untergeordnet, so verdrängten die Wissen‒ schaften Gott und mit Gott den Zweck und die Form aus der Wirklichkeit: "Die finale Ursache zu erforschen ist nutzlos, habe kein Interesse; die Betrachtung durch causae efficientes ist die Hauptsache" so schildert Hegel (1982,III,160) diesen Wandel, der in der Philosophie mit F.Bacon seinen Anfang nimmt. Thema der neuzeitlichen Philoso‒ phie wird die Frage nach der Methode, mit der man zu objektiver und gewisser Er‒ kenntnis einer vom Menschen unabhängigen Wirklichkeit kommen kann. Lediglich in der Beantwortung dieser Frage, dem notwendigen Ausgang von Denken oder Erfah‒ rung, von rationaler Deduktion oder experimenteller Induktion unterscheiden sich die Hauptströme neuzeitlichen Philosophierens. Der sich in der Entwicklung von Philoso‒ phie und Wissenschaften herausbildende Gesetzesbegriff führt als erstem Kulmina‒ tionspunkt zur klassischen Mechanik Newtons, die den Begriff der Kraft als das All‒ gemeine der neuzeitlichen Wissenschaft in ein durch Experiment und Deduktion gesichertes System faßt. Mit der Durchsetzung des "Satzes vom hinreichenden Grunde" in der Philosophie Leibnitz' und den entsprechenden Erhaltungssätzen von Masse und Energie in Physik und Chemie war das "newtonsche" Bild der Wirklichkeit perfekt. Wenn sich in den folgenden Zeiten in dieses Modell des "Uhrwerks" noch vieles "Übermechanische" eingliederte (Chemismus, Elektrizität, Radioaktivität etc.) und mit dem 19. Jahrhundert eine grundlegende Evolutionierung des Weltbildes begann, blieb doch der Wirklichkeitsbegriff der gleiche.
Weit weniger konsequent hingegen vollzog sich der Wandel im Begriff des Lebendigen im Allgemeinen und des Menschen im Besonderen. In der Philosophie stellte sich immer wieder neu die Frage nach der Vermittlung von Körper und Seele. In den Wissenschaften dominiert bis heute die Diskussion zwischen Teleologie und Mechanis‒ mus in immer neuen Formen : in der Biologie zwischen teleologisch‒vitalistischen Vorstellungen (von Harvey über Stahl und Driesch bis hin zur "biologischen System‒ theorie") und mechanistisch‒reduktionistischen Theorien (von Iatromechanik und Iatrochemie über die Entwicklungsmechanik von Roux bis hin zum "reduktionistischen

Forschungsprogramm"), in der sich Ende des 19.Jahrhundert von der Philosophie emanzipierenden Psychologie in der Auseinandersetzung zwischen "beschreibender" (Dilthey) oder "verstehender" (Jaspers) und "erklärender" (Ebbinghaus) Psychologie, zwischen Psychoanalyse (Freud, Jung, Adler) und Behaviorismus (Watson, Thorndike, Skinner), zwischen "humanistischer" (Maslow), "phänomenologischer" (Graumann) oder "Kritischer" (Holzkamp) Psychologie und Variablenpsychologie.

Sowohl die Frage nach der Zweckhaftigkeit des Menschen als auch die (in den Natur-wissenschaften aus leicht erkennbaren Gründen kaum ernsthaft erörterte) Frage nach der Wirklichkeit stellt sich in der Philosophiegeschichte in aller Schärfe bei Kant (1979): Hier wird die Wirklichkeit in zwei Teile getrennt: die Kausalität durch Freiheit und die Kausalität nach den Gesetzen der Natur (ebd.530ff). Komplementär dazu erscheint der Mensch unter seiner Bestimmung über den intelligiblen Charakter einerseits und den empirischen Charakter andererseits (ebd.607ff). Mit dem Menschen tritt auch das Erkenntnisvermögen in Form des Verstandes, der die Dinge denkt, und der Sinnlichkeit, der die Dinge gegeben sind, auf und somit auch die Erkenntnis selbst in Form der Urteile a priori und a posteriori (ebd.44ff). Die "Dinge an sich" bleiben unerkennbar (ebd.285).

Fichte löst den Dualismus durch die Verabsolutierung der jeweils einen Seite im Konzept des "Ich", welches sich selbst und sein "Nicht-Ich" setzt und vermittelt.

Hegel schließlich löst den Dualismus durch eine radikale Fortsetzung der mit Kant beginnenden Umorientierung des Begriffs von Wirklichkeit, indem er am "bisherigen Begriff der Logik" kritisiert, "daß das Objekt ein für sich Vollendetes, Fertiges sei, das des Denkens zu seiner Wirklichkeit völlig entbehren könne"(I,37).

An die Stelle der abstrakten Entgegensetzung von Subjekt und Objekt in der Philoso-phie bis Kant und der abstrakten Identität von Subjekt und Objekt bei Fichte setzt Hegel die sich im Entwicklungsprozeß des Begriffes vermittelnde Einheit beider.[1]

Der Zweck und der Mechanismus finden im Mittel ihre Vermittlung.

Erkennen ist so für Hegel weder "ein einseitiges Setzen, jenseits dessen das Ding-an-sich verborgen bleibt", wie im "subjektiven Idealismus", noch eine leere Identität, welche

---

[1]   Es sei hier darauf verwiesen, daß der in dieser Arbeit immer wiederkehrende Terminus "abstrakt" (vs."konkret") im Sinne des abstrakten (vs. konkreten) Allgemeinen verwendet wird, wie ihn Hegel mehrfach als die dem Begriff nicht gemäße, weil das Besondere und somit die Bestimmtheit nicht in sich haltende Form des Allgemeinen gekennzeichnet hat (Hegel 1938,98f; ausführlicher III,43ff; anschaulich in Bloch 1977,30f).

die Gedankenbestimmungen in sich aufnehme", wie im "Realismus", sondern "ein Setzen, welches sich ebenso unmittelbar als Voraussetzen bestimmt" (III,299).

Erkenntnis als menschliche Form des Gattungszusammenhangs geht so immer darauf aus, Theorien und Methoden als Allgemeines vieler Subjekte zu konstituieren, nicht als Abbilder der "wirklichen Wirklichkeit".

Der Mensch als individuelles Subjekt bestimmt sich zunächst als "der Selbstzweck, der Begriff, welcher an der ihm unterworfenen Objektivität sein Mittel und subjektive Realität hat" (III,273).

So ist die Kantsche Antinomie von Freiheit und Notwendigkeit mit allen aus ihr resultierenden Dualismen aufgelöst.

Bei Hegel ist dies jedoch nicht mit dem Verlust von "Objektivität" verbunden, da in der "absoluten Idee" die Identität der Subjekte untereinander und somit auch der Subjekte mit den Objekten schon immer vorausgesetzt war und sich in der Entwicklung des Begriffs nur wieder herstellt – die von Marx (1974,568ff), Engels (1980), aber auch etwa Günther (1978,59ff) kritisierte Inkonsequenz der Methode im System.

Marx (1974,574) würdigt entsprechend an Hegel, "daß er [...] das Wesen der Arbeit faßt und den gegenständlichen Menschen, wahren, weil wirklichen Menschen, als Resultat seiner eignen Arbeit begreift". Er sieht hierin die Möglichkeit, den "Hauptmangel alles bisherigen Materialismus" (und, wie hinzugesetzt werden kann, der neuzeitlichen Wissenschaft) zu überwinden, "daß der Gegenstand, die Wirklichkeit, Sinnlichkeit nur unter der Form des Objekts oder der Anschauung gefaßt wird; nicht aber als sinnlich – menschliche Tätigkeit, Praxis; nicht subjektiv" (Marx 1983a,5).

An Hegel kritisiert Marx, daß er den Menschen lediglich als Selbstbewußtsein, als abstraktes denkendes Wesen faßt. So schreibt Hegel etwa: "Indem ich den Gegenstand denke, mache ich ihn zum Gedanken und nehme ihm das Sinnliche, ich mache ihn zu etwas, das unmittelbar oder wesentlich das Meinige ist, denn erst im Denken bin ich bei mir, erst das Begreifen ist das Durchbohren des Gegenstands, der nicht mehr mir gegenübersteht, und dem ich das eigene genommen habe, das er für sich gegen mich hatte" (1981,53). Entsprechend kann ein Selbstbewußtsein aber nur "die Dingheit, d.h. selbst nur ein abstraktes Ding, ein Ding der Abstraktion und kein wirkliches Ding setzen" (Marx 1974,577).

So setzt Marx (ebd.) der Hegelschen Fassung des Subjekts entgegen: "Wenn der wirkliche, leibliche, auf der festen wohlgerundeten Erde stehende, alle Naturkräfte aus – und einathmende Mensch seine wirklichen, gegenständlichen Wesenskräfte durch seine Entäußerung als fremde Gegenstände setzt, so ist nicht das Setzen Subjekt, es ist

die Subjektivität gegenständlicher Wesenskräfte, deren Action daher auch eine gegen –
ständliche sein muß". Auf diese Weise entsteht ein dem Subjekt äußerlicher Gegen –
stand: "Daß ein lebendiges, natürliches, mit gegenständlichen, i.e. materiellen Wesens –
kräften ausgerüstetes und begabtes Wesen auch sowohl wirkliche natürliche Gegen –
stände seines Wesens hat, als daß seine Selbstentäusserung die Setzung einer wirkli –
chen, aber unter der Form der Äußerlichkeit, also zu seinem Wesen nicht gehörigen,
übermächtigen gegenständlichen Welt ist, ist ganz natürlich" (Marx 1974,577).
Marx setzt so der Hegelschen Beschränkung auf die Denktätigkeit die sinnlich – ge –
genständliche Tätigkeit entgegen, die er später unter dem Begriff der Praxis faßt.
In dieser Fassung von Gegenständlichkeit tritt nun allerdings das alte Problem der
Dualität des Wirklichkeitsbegriffes von Freiheit und Notwendigkeit wieder hervor:
Einerseits betont Marx die Selbstständigkeit des Gegenstandes andererseits macht es im
Marxschen Konzept nur Sinn vom Gegenstand im Kontext von Tätigkeit zu sprechen.
Das von v.Glasersfeld zu Anfang der "abendländischen Erkenntnistheorie" unterstellte
Wirklichkeitsverständnis ist also durchaus zutreffend hinsichtlich der orthodoxen, an der
Mechanik orientierten Naturwissenschaft. Schon etwas vorsichtiger könnte man mit
v.Glasersfeld (1987a,199) übereinstimmen, wenn er Putnam zustimmend zitiert, der
schreibt: "Von den Vorsokratikern bis Kant gab es keinen Philosophen, der in seinen
elementaren, nicht weiter reduzierbaren Grundsätzen nicht ein metaphysischer Realist
gewesen wäre". Gewiß aber sollte ihm mit Sicht auf die Philosophiegeschichte wider –
sprochen werden, wenn er hinzusetzt: "Im großen und ganzen hat sich das auch nach
Kant kaum geändert". Während aber Philosophen wie Hegel und Marx von den zeitge –
nössischen Naturwissenschaftlern entweder als metaphysische Spinner verurteilt oder
überhaupt nicht zur Kenntnis genommen wurden, hat sich an der Situation der Natur –
wissenschaften selbst seitdem einiges geändert. Spätestens seit der "Krise der Physik" in
den ersten Jahrzehnten unseres Jahrhunderts ist die orthodoxe Naturwissenschaft in
eine tiefe Krise ihrer Erkenntnisvoraussetzungen geraten, die vielfältig mit sozialen
Problemen interferiert, welche das wesentlich von ihr mitgetragene "Projekt der Mo –
derne" in Frage stellen. Freilich wird diese Krise bei weitem noch nicht vom main –
stream der Wissenschaftler selbst reflektiert, doch mehren sich in den verschiedensten
Wissenschaften die Stimmen, die von grundlegenden Wandlungen in der Epistemologie
der Wissenschaften sprechen und so einer Weltanschauung wie dem Radikalen Kon –
struktivismus eine einzeltheoretische Basis liefern können.
Ein Moment dieser Wandlungen ist eine Revolutionierung der Begriffe von Lebendi –
gem, Mensch und Erkenntnis einerseits und Wirklichkeit andererseits, wie er auf

spekulativer Basis bereits in der klassischen deutschen Philosophie, speziell bei Hegel, vollzogen wurde – diese Parallele zu explizieren soll Gegenstand dieser Arbeit sein. Eng verbunden mit diesem Moment sind weitere Themen wie die Probleme einer "ganzheitlichen" Erkenntnis, der Grenzen unserer Erkenntnis überhaupt, der Evolutio – nierung unseres Weltbildes.

Es wäre sicher reizvoll, diese Probleme auf das hier behandelte zurückzuführen, ein Unternehmen, das m.E. durchaus erfolgversprechend wäre. Die Frage nach dem Gegenstand in seiner Ganzheit entspricht etwa dem hier ausführlich zu behandelnden Thema des Zweckes: Von einem Ganzen kann nur gesprochen werden, wenn es seine Teile bestimmt. Dieses Bestimmen ist aber notwendig eine Zweckbeziehung, die sich die Teile als Mittel unterordnet. Umgekehrt kann zweckmäßig nur eine Ganzheit sein; denn wenn dieses Zweckmäßige seine Teile nicht bestimmt, ist es nicht zweckmäßig.

Auch das Problem der Grenzen des traditionellen Gesetzesbegriffes im Kontext einer Evolutionierung unseres Weltbildes, um das sich etwa I.Prigogine sehr verdient gemacht hat, ist, wie schon in der Diskussion um die Quantentheorie deutlich wurde, eng mit der Rolle des Beobachters im Experiment verbunden[2].

Für die Verwirklichung unseres o.g. Vorhabens sollte es zunächst naheliegen, den Ausgangspunkt in der Hegelschen Naturphilosophie zu suchen (Hegel 1938). Versuche in dieser Hinsicht sind jedoch wenig erfolgversprechend. Keinem Moment der Hegel – schen "Philosophischen Wissenschaften" wurde durch das System im Ganzen soviel Gewalt angetan, wie der Naturphilosophie (vgl. Bloch 1977,203ff), in keinem anderen Moment wird Hegel seiner Methode so untreu, wie in der unzulässig – spekulativen "Ontologisierung" der in Phänomenologie und Logik erhaltenen absoluten Idee. Hinzu kommt ein Punkt, den Prigogine und Stengers (1990,97f) m.E. zurecht anmerken: "Für den, der unter den wissenschaftlichen Erkenntnissen seiner Zeit nach der notwendigen Basis für eine Alternative zur klassischen Wissenschaft suchte, läßt sich in der Tat kaum ein schlechterer Zeitpunkt innerhalb der Wissenschaftsgeschichte denken als das beginnende 19.Jahrhundert. Zu dieser Zeit entstand eine Unmenge von Theorien, die scheinbar der Newtonschen Wissenschaft widersprachen, die aber überwiegend wenige Jahre später wieder aufgegeben werden mußten". Für die hier zu behandelnde Pro – blematik hat sich die "Große Logik" Hegels am fruchtbarsten erwiesen. Gewiß sind auch in diesem Kontext naturphilosophische Überlegungen nicht neu, doch scheint hier

---

[2] Dies zeigen etwa die Kontroversen um "subjektivistische" Interpretationen der Begriffe "Unschärfe" in der Quantentheorie und "Irreversibilität" in der Ther – modynamik (vgl. Prigogine & Stengers 1990,215f,228,242).

eine seltsame Vorliebe des dialektischen Philosophierens für die ersten beiden Bände vorhanden zu sein, wohl in der Furcht, dieses Werk könne nur immer "falscher" werden, je "näher" man der vielgeschmähten "absoluten Idee" kommt. Und tatsächlich ist es in dieser Arbeit beginnend von der Reinterpretation der behandelten Paradigmen erforderlich, entgegen der Hegelschen "Verabsolutierung", die absolute Idee als das innerhalb seines Gattungszusammenhangs methodisch erkennende Subjekt zu betrachten – eine Annahme, deren Nützlichkeit sich im Verlauf der Arbeit und deren Plausibilität sich gegen Ende ergeben sollte.

Die Arbeit folgt der Großen Logik Hegels, beginnend von der "Teleologie", und versucht, ihre Aufhebung in Ansätzen der Anwendung der Theorien kybernetischer, selbstorganisierender und autopoietischer Systeme auf die Phänomene des lebenden Individuums und seiner Kognition sowie deren Spezifikation im Falle des Menschen. Einerseits soll damit die Hegelsche Terminologie in eine "moderne" Sprache übersetzt werden, um sie so zur heuristischen Basis wissenschaftstheoretischer Überlegungen zu machen. Andererseits soll eine einzelwissenschaftliche Fundierung und Präzisierung der aufgeführten philosophischen Begriffsbildungen versucht werden, um diese einer reflektierenden Reinterpretation unterziehen zu können. Der heuristische Wert dieser Reinterpretation besteht vor allem darin, die logischen Differenzen der vorgestellten Ansätze deutlich zu machen und diese am Kriterium der Erfassung der Subjektivität lebender Individuen zu bewerten. Durch diese Bewertung sollen Grenzen der aufgeführten Ansätze verdeutlicht und Richtungen notwendiger Weiterentwicklungen herausgestellt werden. Indem diese Differenzen (wie auch die vorhandene Kontinuität) aufgezeigt werden, soll darüberhinaus der in sich unreflektierten Abhebung neuerer Theorienbildung (wie der Theorien der Selbstorganisation und Autopoiese, deren logische Vermengung etwa E.Jantsch (1979,1987) geradezu exemplarisch vorführt) von älteren (wie den kybernetischen Systemtheorien) entgegengewirkt werden.

Dieses Anliegen der verwendeten logischsystematischen Methode rechtfertigt es, die notwendigen Defizite gegenüber einer explizithistorischen Methode in Kauf zu nehmen.

Gegenüber einer historischen Aufarbeitung der Theorien und Methodenentwicklung erfaßt diese logischsystematische Aufarbeitung nur diejenigen Momente, die für die logische Genese eines Subjektbegriffes benötigt werden und erfaßt somit zumindest den kybernetischen und selbstorganisationstheoretischen Systembegriff nicht in der vollen Komplexität seiner Entwicklung. Darüberhinaus bleibt die Darstellung mit der Konzentration auf das lebende Individuum weitgehend auf die Anwendung der jeweiligen

Begriffsbildungen in Biologie und Psychologie beschränkt.

Gegenüber einer historischen Aufarbeitung des Gegenstandsbereiches bleibt die Darstellung dahingehend abstrakt, daß zwar stets der systematische Entwicklungskontext in seiner Konstitutivität für die Genese von Subjektivität berücksichtigt, aber nicht explizit ausgeführt wird. Gegenstand der Arbeit ist trotz dieser Beschränkungen immer das Subjekt in seinem Entwicklungszusammenhang.

Die Wahl der Hegelschen Logik zum Zweck der Darstellung der theoretischen Genese dieses Gegenstandes ist entsprechend darin begründet, daß sie philosophiegeschichtlich erstmalig die logischen Mittel einer solchen Analyse bereitstellt und andererseits diese logische Exaktheit (die "Anstrengung des Begriffs" – Hegel 1987,51) in philosophie – geschichtlich einmaliger Form mit der systematischen Komplexität der Erfassung des Gegenstandsbereiches verbindet.

So findet sich das hier interessierende Thema sicher unter vielem anderen in der Fundamentalontologie M.Heideggers (1986) oder dem Existenzialismus J.P.Sartres (1989), bei denen aber die exakte Logik der Darstellung durch eine (nicht weniger bedeutsame) Metaphorik ersetzt wurde.

Hingegen erfährt die Logik eine beträchtliche Weiterentwicklung in der Erarbeitung einer operationsfähigen Dialektik durch G.Günther (1976,1978, 1979,1980), wobei aber die Breite der Erfassung des historisch – konkret Realen zugunsten der exakten Dar – stellung des Formalen aufgegeben werden mußte.

2 DIE ÄUSSERLICHE ZWECKBEZIEHUNG – DAS KYBERNETISCHE SY-STEM

2.1 Der kybernetische Systembegriff als äußerliche Zweckbeziehung

Die Kybernetik als Wissenschaft etablierte sich gegen Mitte unseres Jahrhunderts aus der Entwicklung des Denkens in einer ganzen Reihe von Wissenschaften, das sich unter vier Aspekten fassen läßt:

(1) dem steuer – und regelungstechnischen Aspekt

(2) dem systemtheoretischen Aspekt

(3) dem informationstheoretischen Aspekt

(4) dem spieltheoretischen Aspekt.

Wie alle hier behandelten "Paradigmen" stellt das kybernetische Denken die Thematik der Ganzheit und Zweckmäßigkeit explizit oder implizit an eine wesentliche Stelle ihrer Betrachtung, erstere insbesondere unter systemtheoretischen, letztere darüber hinaus unter steuer – und regelungstechnischen Aspekten.

2.1.1 Der Begriff der Rückkopplung

Im Mittelpunkt des steuer – und regelungstechnischen Aspekts steht der Begriff der Rückkopplung: In einer Kette gekoppelter Elemente ist ein aktives Element mit einem hinsichtlich der Richtung des Signalflusses in der Kette vor ihm liegenden Element gekoppelt (Lange 1966,15; Watzlawick et al.1985, 30ff, 122f).

Sind diese Rückkopplungen kompensatorisch, so führen sie zur Aufrechterhaltung einer Homöostase des Rückkopplungskreises gegenüber sich verändernden Inputs (im Falle einer negativen Rückkopplung als gedämpfte Schwingung, im Falle einer positiven als asymptotische Annäherung – Lange 1966,54). Was homöostatisch konstant gehalten wird, ist ein gegebener Sollwert. So entsteht ein Verursachungsprinzip, in dem etwa Lange (1966,73ff) und Watzlawick et al.(1985,31) ein der causa efficiens (dem Input) und ein der causa finalis (der Differenz zwischen Sollwert und Output) entsprechendes Moment ausdrücklich festhalten.

Die lineare Ursache – Wirkungs – Beziehung wird durchbrochen und eine Wirk – und Zweckursache vermittelnde Kausalität konstituiert (zyklische oder Rückkopplungs – kausalität – Vollmer 1987,18; Piaget 1974,133).

Dieser Wandel im Determinationsverständnis kann als konstitutiv für das kybernetische Denken betrachtet werden. So überschreiben A.Rosenblueth, N.Wiener und J.Bigelow ihren klassischen Aufsatz "Behavior, Purpose and Teleology"[3] und rehabilitieren die Zweckursache mit den Worten: "Die Teleologie ist vor allem deswegen diskreditiert worden, weil sie so definiert wurde, daß eine Ursache einer bestimmten Wirkung zeitlich folgte. Als dieser Aspekt der Teleologie eliminiert wurde, wurde unglückli – cherweise auch die damit verbundene Erkenntnis der Wichtigkeit des Zieles beseitigt [...] Wir haben die Konnation teleologischen Verhaltens so eingeschränkt, daß wir diese Bezeichnung nur auf solche zweckgerichtete Reaktionen anwenden, die durch einen Fehler in der Reaktion gesteuert werden, d.h. durch die Differenz zwischen dem Zustand des sich verhaltenden Objekts zu einem beliebigen Zeitpunkt und dem End – zustand, der als Zweck interpretiert wird. Teleologisches Verhalten wird somit synonym mit Verhalten, das durch negative Rückkopplung gesteuert wird" (1943,24).

Auch die ersten kybernetischen Ansätze zur Beschreibung von Hirnfunktion und Verhalten, von denen vor allem W.R.Ashbys (1972) "Design for a Brain" aus dem Jahre 1952 zu nennen wäre, gehen von dem offenkundigen Gegensatz zwischen dem Mecha – nismus einer Maschinenmetapher und dem Erklärungsbedarf der zweckmäßig – adapti – ven Funktion des Gehirns aus (Ashby 1972,1). Auch diese Ansätze suchen die ge – wünschte Erklärung außerhalb "vitalistischer" Eigenschaften oder orthodox – teleologi – scher Erklärungen (Ashby 1972, 8f) und finden sie in der Funktion der Rückkopplung. In Ashbys (1972,83ff) Konzept geschieht dies in Form eines doppelten feedback, der eine Rückkopplung von der effektorischen Aktivität auf die sensorischen Inputs zur Aufrechterhaltung bestimmter Verhaltensstrategien enthält und eine zweite von der Verhaltensstrategie des "reacting part" über die essentiellen Variablen auf eine Stufen – funktion, die die Verhaltensstrategie (zufällig) ändert, wenn die essentiellen Variablen überschritten werden, bzw. aufrechterhält, wenn sie in den gegebenen Grenzen bleibt. Eine solche causa finalis etabliert aber tatsächlich erst dann eine Zweckbeziehung, wenn die Frage nach der Zwecksetzung beantwortet wird. Diese Zwecksetzung als Vorgabe des Sollwertes (Endzustands) erfolgt vom Übersystem her und verweist so auf den systemtheoretischen Aspekt.

---

[3] Diese Arbeit betrachtet etwa v.Glasersfeld (1987,53) als ersten echten Beleg kybernetischen Denkens überhaupt.

2.1.2 Der systemtheoretische Aspekt

Systeme werden verstanden als "Aggregat von Objekten und Beziehungen zwischen den
Objekten und ihren Merkmalen" (Hall & Fagen 1956).

Somit entsteht ein "Ganzes", welches "übersummativ", also "mehr als die Summe seiner
Teile" in der Art ist, daß eine Menge von Elementen erst durch eine "Kopplungsmatrix"
(oder "Strukturmatrix") ein System bildet (Klaus 1966,XIV).

Ein wesentlicher Fortschritt im Rahmen der Allgemeinen Systemtheorie ist zunächst
(vgl.4.1.), daß Systeme in ihren Umwelten erfaßt werden, mit denen sie in Input –
Output – Beziehungen stehen, so daß sich mit Hall & Fagen (1956) sagen läßt: "Für ein
gegebenes System ist die Umwelt die Summe aller Objekte, deren Merkmale durch das
Verhalten des Systems verändert werden".

Aus dem Vergleich von Umwelt – und Systemdefinition ist ersichtlich, daß die Unter –
scheidung von System und Umwelt (zunächst) "in verschiedener Weise vorgenommen
werden" kann und "in der Tat ganz willkürlich" ist (Hall & Fagen 1956; vgl. Ashby
1972,83ff).

Faßt man kybernetische Systeme als offene homöostatische Systeme mit dem Rück –
kopplungskreis als Analyseeinheit, wie es in der Biologie und der Psychologie in der
Regel getan wird (vgl.2.2.,2.3.) und wie sie von hier an in dieser Arbeit verstanden
werden sollen, erscheint das System im einfachsten Fall als hierarchische Verschachte –
lung von Rückkopplungskreisen, die sich wiederum zueinander als Elemente zum
System bzw. als Untersysteme zum Übersystem verhalten (Lange 1966,24ff; Watzlawick
et al. 1985,118; v.Glasersfeld 1987,67).

Dementsprechend liegt ein System dann vor, wenn die Summe der Varianzen der
Elementparameter sehr viel kleiner als die Varianz des entsprechenden Systempara –
meters ist (Weiss 1977). Insofern ist das System relativ unabhängig gegenüber seinen
Ausgangsbedingungen, sofern sich diese in einem bestimmten Bereich bewegen ("Er –
godizität" – Lange 1966,62ff; "Äquifinalität" – Watzlawick et al.1985,122ff).

In der Fassung des Systems als hierarchische Verschachtelung von Rückkopplungs –
kreisen ergibt sich das Charakteristikum einer äußerlichen Zweckbeziehung: Der Zweck
wird jeweils vom Übersystem her dem Untersystem als Sollwert gegeben und "klettert"
so sozusagen "die Systempyramide herauf" (oder "rutscht den Systembaum herab"), um
dort "oben" (oder "unten") stehen zu bleiben. Wer das Subjekt jener "letzten Setzung"
ist, bleibt zunächst unerfaßt (vgl.2.4.) und obliegt der theoretischen Interpretation des

Forschers (vgl. Richards & v.Glasersfeld 1987,209).

Der Zweck "kehrt" aber nicht zur Basis der Pyramide "zurück", so daß die Zweckbe — stimmung überhaupt formal bleibt: Die Elemente dienen zwar dem Zweck, werden aber von diesem nicht wirklich modifiziert. Entwicklung ist lediglich darstellbar als input — abhängige Zusammensetzung von Elementen/Subsystemen zu neuen Systemstrukturen (Lange 1966, 36ff). Der gegebene Zweck legt so (von "oben" her) die Möglichkeiten des Verhaltens fest (etwa in Form der Parameter des "step mechanism" bei Ashby 1972), während die Subsysteme die Wirklichkeit der Entwicklung bestimmen, indem sie als Teil die Möglichkeiten des Ganzen selektieren (explizit bei Ashby 1972,78f).

Der Zweck hat so mit Hegel (III,235) gesprochen "wahrhaft außerweltliche Existenz, insofern ihm jene Objektivität (das System — A.Z.) gegenübersteht, so wie diese dagegen als ein mechanisches und chemisches, noch nicht vom Zweck bestimmtes und durchdrungenes Ganzes ihm gegenübersteht".

Mit diesem "Herausspringen" des Zweckes aus dem System erweisen sich die System — variablen aktuell völlig bestimmt durch die Inputs des Systems.

Die Inputs und Outputs wiederum lassen sich als Stoff — , Energie — und Informations — wechsel beschreiben. In allen drei Beziehungen bleibt das System heteronom.

Im Hinblick auf die uns im weiteren besonders interessierenden Phänomene der Kognition und des Verhaltens steht der Informationswechsel im Mittelpunkt, der durch den informationstheoretischen Aspekt erfaßt wird.

2.1.3 Der informationstheoretische Aspekt

Der informationstheoretische Aspekt stellt den Wirklichkeitsbegriff des kybernetischen Systems dar. Die Frage nach der Wirklichkeit ist wiederum die Frage nach dem, was im System wirkt (vgl.1.).

Ein informationsverarbeitendes System ist über den immer schon gegebenen Zweck hinaus völlig durch seinen Input an Information spezifiziert, alle Wirkungen sind der Informationsaufnahme zuzuschreiben.

Das System bestimmt seinerseits wie schon die Subsysteme, so auch diesen Input nur hinsichtlich der formellen Möglichkeit (vgl. II,223ff) seiner Aufnahme, ist also für sich unwirklich. Für das System ist also die Information etwas "an und für sich Vollendetes, Fertiges" (vgl.1.).

Der Informationsbegriff in seiner quantifizierten Form stammt aus der nachrichten — technischen Kommunikationstheorie (Shannon & Weaver 1976).

Hier werden Kommunikationsprozesse unter drei Fragestellungen bearbeitet:

"A. Wie genau können Zeichen der Kommunikation übertragen werden? (das technische Problem)

B. Wie genau entsprechen die übertragenen Zeichen der gewünschten Bedeutung? (das semantische Problem)

C. Wie effektiv beeinflußt die empfangenen Nachricht das Verhalten in gewünschter Weise? (das Effektivitätsproblem)" (Shannon & Weaver 1976,12).

Die meisten Autoren sprechen hier von syntaktischem (A), semantischem (B) und pragmatischem (C) Aspekt der Information.

In Form des Shannonschen Ansatzes liegt eine geschlossene Theorie lediglich für den syntaktischen Aspekt vor: Über die Häufigkeitsverteilung der vom Sender zum Empfänger übertragenen Signale wird ein der Entropie des Informationsübertragungskanals entsprechendes Maß der Information abgeleitet.[4]

Dieser Informationsbegriff faßt nicht nur das System als formelle Möglichkeit, sondern auch die Information selbst; er bezieht sich "nicht so sehr auf das, was gesagt wird, sondern mehr auf das, was gesagt werden könnte", wie es Shannon & Weaver (1976,18) selbst ausdrücken.

Eine Alternative hierzu stellt der von E. & C.v.Weizsäcker (1972) vorgeschlagene "pragmatische Informationsbegriff" dar, der den "Wert" von Information nicht nur am Neuigkeitswert, sondern auch an der "Bestätigung" mißt (ohne daß jedoch bislang eine Quantifizierung vorliegt) und somit zumindest die der Möglichkeit nach festgelegte Selektivität des Systems (vgl.2.1.2.) faßbar macht.[5]

Für geschlossene semantische oder pragmatische Informationstheorien liegen bislang nur heuristische Überlegungen vor, etwa entsprechend der Bemerkung C.F.v.Weizsäkkers (1972a,506), es wäre "Information nur das, was Information erzeugt".

---

[4] Die so erhaltene "potentielle Information" läßt sich dabei gegen den nach Brillouin als Negentropie gefaßten Begriff der "aktuellen Information" abheben (v.Weizsäcker 1986,7; 1972a).

[5] Der Begriff ist allerdings dahingehend nicht pragmatisch, als er nur eine formale Einengung der Syntax vornimmt.

2.2 Lebewesen als kybernetische Systeme

2.2.1 Das Problem der Zweckmäßigkeit

Spätestens seit Darwin ist das Thema der Zweckmäßigkeit in der Biologie aus dem Reich der Spekulation in das seriöser Forschung übernommen worden. Die "teleonome" Betrachtungsweise der Biologie unterscheidet sich damit prinzipiell von dem theore – tisch – methodologischen Zugang der Physik (vgl.Bischof 1987;1989; Lorenz 1978,13ff; Vollmer 1987,17ff).

Im Anschluß an C.Pittendrigh wird dementsprechend nicht der "teleologische" Aspekt betrachtet, welcher darin besteht, "daß eine vorgegebene Tendenz zur Erfüllung der biologischen Aufgaben bei der Entstehung der betreffenden Eigenschaften mitgewirkt haben müsse", sondern der "teleonomische" Aspekt, der anstrebt, "zu ermitteln und zu beschreiben, inwiefern die gegebenen Eigenschaften zum erfolgreichen Überleben beitragen" (Hassenstein 1972).

Die orthodoxe Betrachtungsweise der Biologie (im Gefolge des Neodarwinismus bzw. der "Synthetischen Evolutionstheorie") setzt damit nicht am lebenden Individuum an, wie es Hegel tut (vgl.4.), sondern an der Population (philosophisch: Gattung vgl. 5.). Der ausgeführte Zweck liegt so im Überleben der Gattung. Das Individuum ist Mittel zu diesem Zweck (vgl.2.4.). Bezüglich des Individuums ist die Zweckbeziehung also auch hier eine äußerliche.

Von der Spitze der Systempyramide "springt" der Zweck also auf die Ebene der Gat – tung oder genauer, wie Richards & v.Glasersfeld (1987,209) meinen, er wird "ein Verbindungsglied zu einem anderen Erklärungsmodell [...], z.B. zum Überlebensgebot der biologischen Evolutionstheorie". Ein kybernetisches Beispiel stellt wiederum Ashbys (1972,135) Postulat der genetischen Festlegung der möglichen Parameter des "step – mechanism" dar.

Das Individuum ist so nicht Zweck, sondern (Fortpflanzungs –) Mechanismus, Che – mismus usw., dem der Zweck äußerlich gegenübersteht. Als Subjekt erscheint so zunächst die Gattung. In der Darwinschen Betrachtungsweise wird von einer zufälligen Variabilität der Arten ausgegangen, als deren Quellen die Molekularbiologie unseres Jahrunderts Mutationen und Rekombinationen des genetischen Materials identifiziert hat. Evolution erscheint so wesentlich als Prozeß der Veränderung von Genotypen, die Phänotypen determineren. An diesen Phänotypen setzt die Selektion durch die Umwelt als wichtigster Evolutionsfaktor als Prozeß der Bewertung der individuellen, inklusiven und ökologischen Fitneß des Organismus an (Tembrock 1987,10). Selektion durch die Umwelt führt somit zu Anpassung an die Umwelt.

Alle Bestimmtheit des Systems kommt aus der Umwelt. Subjekt könnte somit lediglich die Umwelt sein, für die sich jedoch keine in sich reflektierte Zweckbeziehung zeigen läßt (vgl.3.1.). In der traditionellen Biologie lassen sich somit nach der üblichen Abstraktion vom Forschungssubjekt keine Subjekte mehr finden.

Im Individuum erscheint diese äußerliche Zweckbeziehung als "genetischer Determinismus", der den einseitigen Informationsfluß der Information in Richtung DNA – RNA – Protein (molekularbiologisches Zentraldogma) bzw. Keimbahnzelle – Somazelle (Weissmann – Doktrin) postuliert.

Ontogenetisch auftretende Veränderungen des Phänotyps haben ihre Ursache so entweder im Genotyp oder in der Umwelteinwirkung (explizit etwa Lorenz 1978,207f) – der Organismus selbst bestimmt sich nicht, ist sich unwirklich.

2.2.2 Das lebende System

Die über die Population vermittelte äußerliche Zweckbeziehung der Umwelt auf das System setzt sich im System als Hierarchie von Organsystemen, Organen, Geweben, Zellen, Organellen etc. fort (Sitte 1977). Alle Ebenen des Organismus stehen in dieser Hierarchie über regulierende, die Homöostase des Organismus aufrechterhaltende Rückkopplungsbeziehungen in Verbindung (v.Glasersfeld 1987,77). Zur Umwelt müssen lebende Systeme notwendig offen gegen den Austausch von Stoff, Energie und Information sein (Schmetterer 1977).

Die Determination erfolgt also auch hier wieder von zwei Richtungen aus: von Seiten der Information (Genom, Umwelt – vgl.2.2.1.) und von Seiten des "Ganzen" also wieder von einer causa efficiens und einer causa finalis aus.[6]

In der so möglichen Betonung des informationstheoretischen Aspektes wie etwa im "experimentell – reduktionistischen Forschungsprogramm" (Küppers 1986) oder des systemtheoretischen Aspektes wie im "organismischen Ansatz" der "Biologischen Systemtheorie" (v.Bertalanffy et al.1977; Weiss 1970, 1973, 1977; Köstler 1978; Polanyi 1968) reproduziert sich der alte Gegensatz zwischen Mechanismus und Vitalismus. Beiden Ansätzen entsprechen dementsprechend auch verschieden radikale Deutungen

---

[6] Diese Analogie expliziert etwa Riedel 1978/79.

des Anpassungsparadigmas (Neodarwinismus vs. Systemtheorie der Evolution – vgl. Wuketits 1988).

So betont etwa Küppers (1986,169) in Abhebung von Positionen eines "ontologischen Reduktionismus" die Positionen eines "methodologischen Reduktionismus": Dieser "bezieht sich [...] allein auf die Forschungsmethoden und behauptet, daß ein tieferge – hendes, das heißt ein über die experimentell – deskriptive Ebene hinausgehendes Verständnis der Lebenserscheinungen letztlich nur im Kontext von Physik und Chemie möglich ist". Für M.Eigen besteht entsprechend mit der Entdeckung der DNA – Struk – tur kein scharfer Übergang zwischen Belebtem und Unbelebtem mehr (Freiberg 1982). Hingegen meint Weiss (1977): "Ob man auf das Ganze blickt oder nur auf seine Trümmer, das sind einfach zwei andere Denkrichtungen [...], die beide komplementär sind" und weiter: "Ohne Systemtheorie kann auch bei der schönsten Analyse eines Genmonopols nicht damit gerechnet werden, die "Sucht" nach einem universellen Verständnis des Lebendigen [...] je zu befriedigen".

Wenn die letztgenannte Position auch die in dieser Arbeit intendierte kritische Sicht auf reduktionistische Ansätze impliziert, ist aus der o.g. (2.1.2.) theoretischen Basis (und wohl auch aus den o.g. Gründen) kein alternativer Erklärungsansatz ersichtlich. So betont auch v.Bertalanffy , daß über die Prinzipien ganzheitlicher Ordnung nur "sehr vage Vorstellungen" vorhanden wären (zit.n.Küppers 1986,174; vgl. Mocek 1988).

2.2.3 Verhaltensbiologie und Neurobiologie

2.2.3.1 Informationsverarbeitung

Verhalten bewegt sich für das kybernetische Denken wesentlich im Kontext des infor – mationstheoretischen Aspekts und zwar sowohl hinsichtlich des Verhältnisses zu den ultimate wie zu den proximate causes: "Verhalten ist organismische Interaktion mit der Umwelt auf der Grundlage eines Informationswechsels im Dienst der individuellen, inklusiven und ökologischen Fitness" (Tembrock 1987,15).

2.2.3.2 Rückkopplung

Durch die über die Population vermittelte äußerliche Zweckbeziehung ist das System in seiner Aktivität aktualgenetisch nicht ausschließlich durch die Umwelt bestimmt. Eben hier liegt der Fortschritt der (insbesondere an der Ethologie orientierten) Ver –

haltensbiologie gegenüber dem Behaviorismus.

An Stelle des Reflexes als Analyseeinheit tritt in den Arbeiten von Lorenz der Ange – borene Auslösemechanismus (AAM), der sich in seiner Rückkopplung der vom AAM ausgelösten Instinktbewegung auf das aktionsspezifische Potential bzw. das Appetenz – verhalten beschreiben läßt. Neurologische Korrelate dieser "Aktion – und – Reaktion – in – einem" wurden vielfach durch v.Holst gezeigt, dem in den Neurowissenschaften das Verdienst zukommt, den Reflexbegriff durch den der Spontanaktivität relativiert zu haben (Lorenz 1978,5).

Rückkopplungskreise finden sich in den Neurowissenschaften auf allen Organisations – stufen des Nervensystems – angefangen von den propiorezeptiven Rückkopplungen[7] an der Peripherie (v.Holst & Mittelstaedt) bis hin zu den zentralen Schleifenstrukturen des Gehirns (Creutzfeld 1988,54ff; Popper & Eccles 1976,275ff). Als grundlegendes Organisationsprinzip des Nervensystems stellt dies L.de No in seinem "Gesetz der Reziprozität der Verbindungen" dar: "'Wenn ein Zellkomplex A Fasern zu einer Zelle oder einem Zellkomplex B sendet, dann sendet B ebenfalls Fasern zu A, entweder direkt oder über ein internunciales Neuron'" (Ashby 1972,124).

Durch die über Rückkopplungen organisierte Verhaltensstruktur kann die Aktivität von Lebewesen in abstrakter Weise erfaßt werden – abstrakt wiederum deshalb, weil alle Bestimmtheit des Verhaltens in seiner "historischen" Dimension fremddeterminiert ist, das Verhalten selbst keine Bestimmungen vornimmt.

2.2.3.3 System

Auch die Organisation des Verhaltens wird im Rahmen des kybernetischen Denkens als hierarchisch vorgestellt:

Tinbergens Instinkthierarchien etwa gehen von "Hauptinstinkten" aus, die über Instinkte verschiedener Ordnung bzw. Instinktbewegungen bis hin zur Aktivität von Gliedmaßen, Muskeln, Muskelfaserbündeln in deren motorischer Innervation führen. Neurophysio – logisches Korrelat hierzu ist v.Holsts Konzept der "übergeordneten Kommandostelle" (Lorenz 1978, 149ff).

Relativiert werden diese Hierarchien (im Gegensatz zu denen der kognitiven Psycho – logie) durch die Annahme einer Spontanaktivität bzw. eines eigenen Motivationspo –

---

[7]   Die konkreten Strukturen dieser Rückkkopplungen konnten nach und nach in den Arbeiten von Mach, v.Uexküll und v.Holst (Grüsser 1986), aber auch Ano – chin und Bernstein (Jantzen 1990) immer besser charakterisiert werden.

tentials, was, wie zu zeigen sein wird, auch außerkybernetische Erklärungen zuläßt (vgl.4.3.).

In der Neurophysiologie finden sich solche Hierarchien im Konzept motorischer Bewegungsprogramme oder der hierarchischen Verarbeitung sensorischer Inputs jeweils über die hierarchische Aktivierung via primärem, sekundärem und tertiärem motori – schen/sensorischen Cortex bis hin zu sogenannten "hyperkomplexen Neuronen" an der Spitze der Hierarchien, deren Funktion mit der Bezeichnung "Großmutter – " oder "Tante – Emma – Neuron" am besten beschrieben ist (sie feuern dann und nur dann, wenn Tante Emma zu sehen ist). Erste Erfolge, die ein solches Konzept zu bestätigen schienen, brachten die Untersuchungen von Hubel & Wiesel (1962,1968), aber auch Maturana et al. (1960).

Auch in diesen Konzepten wird das unter 2.1.2. gefaßte "Heraufklettern" des Zwecks in der Systempyramide deutlich. Dieses läßt sich weiterverfolgen, wenn explizit die Frage nach dem (proximaten) "Warum" des Verhaltens, also nach der Rolle von Motivation und Emotion gestellt wird.

So wird aus neurologischen Befunden (Läsionen, Reizungsexperimente, Erkrankungen) deutlich, daß dem limbischen System eine wichtige Rolle bei emotionalen und motiva – tionalen Prozessen zukommt (Popper & Eccles 1977,324). Eine Verabsolutierung dieser Befunde im Sinne eines kybernetischen Hierarchieverständnisses führt dann etwa zu P.McLeans Theorie des "triune brain" (Jantsch 1979,231ff; Palm 1988), die das limbische System als "älteres Säugerhirn" ausschließlich für Emotionen und Motivationen ver – antwortlich macht und ihm zusammen mit dem Hirnstamm als "Reptiliengehirn" Antrieb und Steuerung der Hirnrinde zuschreibt. Die Hirnrinde selbst, das "jüngere Säugerhirn", erscheint dann nur noch als "geschickt aufgebauter Assoziativspeicher mit allerdings gewaltiger Aktivität" (Palm 1988). Zu nicht viel anderen Ergebnissen kommt allerdings auch Wolf (1974,158ff) in Analogie zum Freudschen Instanzenmodell. Der Zweck liegt auch hier immer in den "höheren" Regulationsebenen, die bezeichnenderweise immer die undifferenzierteren sind, liegt so grundsätzlich außerhalb des Verhaltens. Entwick – lung erscheint auch hier rückblickend als Differenzierung und (als bloße Zusammen – setzung gefaßte) Integration von Teilen zu einer funktional gefaßten Einheit, in der weder das Ganze die Teile noch die Teile sich untereinander wirklich modifizieren.

2.2.3.4 Grenzen des kybernetischen Systembegriffs in den Neurowissenschaften

In den Neurowissenschaften war die Suche nach den hyperkomplexen Neuronen letztlich doch erfolglos Eccles spricht hier vom "enigma of visual perception": Die Informationsverarbeitung im Gehirn läßt sich nur bis zu einfachen geometrischen Figuren verfolgen, ganze Bilder sind nicht erklärbar (Popper & Eccles 1977, 251ff). Dieses Faktum und das Paradoxon, daß scheinbar neuronale Ereignisse vor ihrem Auftreten bewußt werden[8], zählte lange Zeit zu den Stützen seiner dualistischen Interaktionstheorie[9]. Das gleiche Problem ist Ausgangspunkt der emergentistischen Interaktionstheorie von Sperry (Oeser & Seitelberger 1988,33ff).

Doch selbst Hubel & Wiesel (1986) resümieren schließlich: "Nur spekulieren kann man derzeit über die Frage, wie die visuelle Information im Anschluß an das primäre Sehfeld weiter verarbeitet wird. Wird man vielleicht eines Tages Zellen finden, von denen jede auf eine einzelne bestimmte Reizkonfiguration spezialisiert ist ? Wir glauben nicht, daß es solche Zellen gibt, haben aber auch keine Alternative anzubie – ten".

Seit langem existierte in den Neurowissenschaften ein Potential alternativen empiri – schen Materials in Form der Kenntnisse über die verschiedenen Verarbeitungsmodi der beiden Hirnhemisphären, von denen sich zwar der verbale, arithmetische, ideationale, anlytische und sequentielle Modus der linken Hemisphäre (bedingt) durch den kyber – netischen Ansatz erklären läßt, kaum jedoch der non – verbale, geometrischräumliche, bildhafte Modus der rechten Hemisphäre (Übersichten in Beaumont 1987; Boller & Grafman 1988, Riedl 1981, 175ff; Hellige 1990).[10] Interessant im Kontext der Proble – matik Motivation/Emotion ist, daß die holistisch arbeitende rechte Hemisphäre offen – bar auch die emotional sensitivere ist (Levy et al.1983; Borod et al.1989, Hollmann 1985).

Wenig bekannt ist bislang zur Interaktion der beiden Hemisphären. Ansätze sind hier

---

[8] Die Erklärung wurde in den Experimenten von Libet et al.(1983) geliefert.

[9] Der Terminus Interaktion bezieht sich dabei auf die Interaktion zwischen self – conscious mind und Gehirn bei Eccles bzw. zwischen Welt 2 und Welt 1 bei Popper (Popper & Eccles 1977,361ff).

[10] Neben diesen funktionellen Unterschieden liegen auch Arbeiten zu anatomi – schen Differenzen (Witelson & Kigar 1988), genetischer Determination (Annett 1987) und evolutionärer Herausbildung (Corballis 1989) vor.

etwa das Meta – Kontroll – Konzept von Levy & Trevarthen (1976, vgl. Hellige et al. 1989) oder das Selective – Hemispheric – Priming – Konzept von Drake & Crow (1989). Wie schon aus der differenzierten Rolle der Hirnhemisphären bei der Entstehung von Emotionen hervorgeht, kann auch von ihrer abstrakten Trennung von der Funktion des Cortex nicht die Rede sein: Hirnrinde (speziell präfrontaler Cortex) und limbisches System stehen über ein kompliziertes Schleifensystem in engen gegenseitigen Rück – kopplungsbeziehungen, die sie zu einem untrennbaren Ganzen integrieren (Popper & Eccles 1977; Klix 1980,96ff; Creutzfeld 1983, 381; Hollmann 1985; vgl. 3.3.6.).

Schon Miller et al. (1973) bemerkten hierzu sehr treffend, daß es uns doch sehr überraschen sollte, "würde man entdecken, eine Verletzung im zentralen Kern des Gehirns bewirke, daß ein Mensch plötzlich seine Vorliebe für Rembrandt zugunsten von Picasso aufgäbe oder den Kapitalismus gegen den Kommunismus vertausche".

2.3 Der kybernetische Systembegriff in der Psychologie — die Computerprogramma — nalogie

2.3.1 Das orthodoxe kognitive Paradigma — die Physical Symbol System Hypothesis

Ebenso wie die biologische Verhaltensforschung (in ihrer Verbindung mit einer refle — xologisch orientierten Neurobiologie) wurde auch die Psychologie in den Jahren vor ihrer "kognitiven Wende" vom Behaviorismus bestimmt.

Während die Wende in der Biologie sich aber aus der funktionalistisch — darwinistischen Tradition heraus und unter dem Einfluß neurowissenschaftlicher Umorientierungen vollzog, orientierte sich die Psychologie weit stärker am technisch — mathematischen Zugriff der Kybernetik[11]: Mit dem Computer bzw. dem Computerprogramm als Modell und der Sprache der Kybernetik als Beschreibungswerkzeug ergab sich für die Psychologie die Möglichkeit, "zwischen den Reiz und die Reaktion ein bißchen Weis — heit einzuschieben" (Miller et al.1973,11).

Wie in der Ethologie und den Neurowissenschaften war die Intention dazu die Über — windung einer Wissenschaft von der Kognition, die, um mit den gleichen Autoren zu sprechen, einen Organismus beschrieb, "der im Drama des Lebens mehr die Rolle eines Zuschauers als eines Teilnehmers hat".

In der Tat hatten die kybernetischen Wissenschaften auf der Grundlage wesentlicher Umwälzungen der mathematischen Grundlagenforschung (N.Wiener, A.M.Turing, J.v.Neumann, W.H.Pitts, W.S.McCulloch) in Verbindung mit Fortschritten in der Auswahl — und Entscheidungstheorie, Regelungstechnik, den Computerwissenschaften (einschließlich entsprechender Programmiertechniken) und der Grammatik natürlicher Sprachen mit Hilfe der symbolischen Logik wesentliche Grundlagen für das Verständnis von informationsverarbeitenden Prozessen gelegt (vgl. Pribram 1985, Turkle 1987; Gorgs 1984).

Diese Grundlagen mündeten in ein neues Wissensgebiet, die Künstliche Intelligenz (KI) mit den zunächst wichtigsten Vertretern M.Minsky, H.Simon, A.Newell, J.C.Shaw, C.Shannon, J.McCarthy. Die wesentliche Einsicht, die diese Forscher zusammenführte, war die Idee, daß Computer im Prinzip in der Lage sind, jede Art von Symbol zu

---

[11] Bischof (1981,1987) spricht hier im Anschluß an Lewin (1930/31) von der in der Psychologie begierig aufgesogenen galileischen Denkweise der harten Na — turwissenschaften gegenüber der darwinschen in der Biologie.

verarbeiten (Feigenbaum & McCorduck 1984,51).

Die Generalisierung dieser Einsicht in der "Physical Symbol System Hypothesis" (Mc Corduck 1987,128ff) faßt Andler (1985) wie folgt zusammen:

(1) "Denken, ausgeführt von Mensch oder Maschine – im Weiteren bezeichnet als "das (denkende) System" – ist Berechnen, und Berechnen ist das Manipulieren von Sym – bolen entsprechend der Regeln einer formalen Sprache, deren Vokabular aus eben diesen Symbolen besteht".

(2) "Die Symbole sind materiale Objekte, manipuliert von physikalischen Kräften, die kausal und daher automatisch entsprechend der Regeln arbeiten, die in das System eingebaut sind und sensitiv gegenüber der Form (den relevanten physikalischen Eigen – schaften) der Symbole sind und gegenüber nichts weiter".

(3) "Die Symbole tragen eine Bedeutung; wenn ein denkendes System Symbole mani – puliert, dann konstruiert es zusammengesetzte Objekte, deren Bedeutung durch die Zusammensetzung der Bedeutungen ihrer Elemente entsprechend der Bedeutung der Verknüpfungen zwischen ihnen erhalten wird: die syntaktische Struktur bestimmt so völlig die semantische, sofern natürlich die Interpretation der elementaren Teile gegeben ist".

(4)"Die Bedeutung, die von den Symbolen getragen wird, ist Information über etwas (im weitesten Sinne, den man will: Dinge, Gedanken, Ausdrücke ...); das System trägt so Repräsentationen der Welt und modifiziert sie im Denken".

Extensional sagt diese Hypothese nach Simon (1990,3) aus, "daß ein System dann und nur dann zu intelligentem Verhalten in der Lage sein wird, wenn es ein physikalisches Symbolsystem ist".

Aus dieser Annahme lassen sich zwei Hypothesen ableiten: (1) "daß Computer zum Denken programmiert werden können"; (2) "daß das menschliche Gehirn (wenigstens) ein physikalisches Symbolsystem ist". Bewiesen werden diese Hypothesen, "indem Computer zur Ausführung derselben Aufgaben programmiert werden, die wir benutzen, um zu überprüfen, wie gut Menschen denken, und indem gezeigt wird, daß die Pro – zesse, die von Computerprogrammen benutzt werden, die gleichen sind, die von Men – schen benutzt werden, die diese Aufgaben ausführen". Die Kognitive Psychologie wurde schnell eine der tragenden Säulen der sich um die Physical Symbol System Hypothesis etablierenden "Kognitiven Wissenschaften".

2.3.2 System und Rückkopplung

Ein entscheidender Meilenstein der "kognitiven Wende" ist wohl das Buch "Plans and the Structure of Behavior" von G.Miller, E.Galanter & K.H.Pribram (1973) aus dem Jahre 1960. Wie K.Lorenz (1978,1) gehen auch sie vom Gegensatz zwischen (teleologi – scher) Zweckpsychologie und (mechanistischem) Behaviorismus aus. Auch sie führen eine als Rückkopplungskreis beschriebene neue Analyseeinheit ein: die Test – Opera – te – Test – Exit – Unit (TOTE – Unit). Die hierarchische Verschachtelung solcher Rückkopplungskreise führt zu "Plänen" in Analogie zum Computerprogramm. Solche Pläne existieren als Regulationsprinzip von Handlung, gedächtnismäßigem Abrufen und Speichern, Sprache, Problemlösen und auch für das Generieren anderer Pläne (Meta – Pläne, Meta – Meta – Pläne etc.).

Dieses Modell wurde unter Einbeziehung von Theorienbildung der kulturhistorischen Schule etwa Grundlage der Handlungsregulationstheorie und ihres hierarchisch – sequentiellen Modells der Handlungsregulation (Hacker 1986, Volpert 1983). Ent – sprechend der einleitend herausgestellten Vermittlung von Teleologie und Mechanismus betont etwa Allmer (1985) als Vorzug des so gefaßten Handlungsbegriffs die Über – windung einer abstrakten Trennung von Person und Umwelt einerseits und die Erfas – sung der Asymmetrie dieser Beziehung als veränderndes Einwirken der Person auf die Umwelt andererseits.

2.3.3 Informationsverarbeitung

Die Shannonsche Informationstheorie diente schon in den 50er Jahren als Grundlage der noch tief im Behaviorismus befangenen Metapher des Menschen als "Informa – tionsübertragungskanal" (Velickovskij 1988,52ff; Neisser 1974,23ff), deren Unfrucht – barkeit aufgrund des Nachweises der weit höheren Abhängigkeit der Informations – übertragungskapazität von der "subjektiven Organisation" als dem "objektiven Informa – tionsgehalt" des Wissens (Miller 1958) gezeigt werden konnte.
Auch in der kognitiven Psychologie i.e.S. (vs. kognitive Psychologie im Rahmen des kognitiven Paradigmas) erfolgt die Einführung der Computerprogrammanalogie gerade in Abhebung gegen solche Ansätze, um zu erfassen, "daß der Mensch kein passiver Kommunikationskanal ist, sondern aktiv 'Informationen verarbeitet', innere Modelle oder Repräsentationen der Umwelt (der Stimulation) erzeugt" (Velickovskij 1988,60). Die vielen empirischen Studien mit einem gegenüber dem Behaviorismus beträchtlich

erweiterten Validitätsbereich, der aus der auf der Computerprogrammanalogie beru –
henden "neomentalistischen" Orientierung resultiert, kulminieren in theoretischer
Hinsicht erstmals in U.Neissers (1974) Buch "Cognitive Psychology" aus dem Jahre 1967.
Neisser (1974,19) faßt dabei unter Kogniton "alle jene Prozesse, durch die der sensori –
sche Input umgesetzt, reduziert, weiterverarbeitet, gespeichert, wieder hervorgeholt und
schließlich benutzt wird", meint jedoch: "die Erlebniswelt wird von demjenigen produ –
ziert, der sie erlebt". Grundlage dieser Produktion stellt die Computerprogrammanalo –
gie dar: Wahrnehmung wie Denken läßt sich in Primärprozesse und Sekundärprozesse
unterscheiden. Primärprozesse, die "ein Stück weit analog der Parallelverarbeitung im
Computer" sind, stellen die präattentive Phase im Kontext der "ikonischen" oder
"echoischen" Speicherung sowie grob entworfener Gedanken oder Ideen dar. Diese
Prozesse können etwa im Kontext der Wahrnehmung durchaus eine "Aufnahme" von
Information darstellen; ihr Weiterverarbeitung stellt jedoch einen aktiven und selektiven
Prozeß in Analogie zur serialen Verarbeitung im Computer dar.[12]

Auch die kogntive Psychologie i.e.S. ist so ein Fortschritt gegenüber mechanischen
Abbildtheorien, doch ist auch hier die Aktivität des Systems abstrakt, da es selbst keine
Bestimmungen vornimmt, keine setzende Aktivität zeigt, sondern völlig durch den Input
an Information spezifiziert ist.

Das informationstheoretisch ohnehin schwierige Problem der Semantik steht ebenfalls
im Mittelpunkt vieler Arbeiten in der Kognitiven Simulation wie der Kognitiven
Psychologie, in denen Bedeutung wesentlich als Kontextrelation gefaßt wird. Doch
weder mit dem von Minsky (1975) entwickelten Konzept der "frames", noch dem von
Schank entwickelten "script" – Konzept (Schank & Childers 1986), Winograds "Mikro –
welten" (McCorduck 1987, 244ff) oder Weizenbaums (1977,250ff) Programm "ELIZA"
sind über "Spielzeugprobleme" (Feigenbaum & Mc Corduck 1984,78) hinausgehende
Einsichten zur Semantik von Denkprozessen möglich. Auch die gegenüber diesen
Arbeiten zur Kognitiven Simulation streng experimentell orientierten Forschungen zur
kategorialen (Velickovskij 1988,164) oder interkategorialen Wissensorganisation (Klix
1980b, 1987) scheinen hier kaum theoretische Fortschritte zu versprechen. Im Rahmen
der Modellbildung über kognitive Simulation liegt die entscheidende Grenze nach
Schank & Childers (1986,187ff) in der geringen Lernfähigkeit der heutigen Computer –

---

[12] An anderer Stelle warnt Neisser (1963) davor,diese Analogie zu weit zu treiben.

programme. Andererseits zeigen gerade hier die neueren Arbeiten von J.R.Anderson (1989a,1989b) faszinierende Fortschritte: Mit der ACT – Architektur lassen sich bereits neben der "deklarativen Aufzeichnung" Verstärkungslernen (durch häufige Benutzung), Prozeduralisierung deklarativer Aufzeichnungen (über Kompilierung von Ziel – und Kontextinformationen), Zusammensetzung verschiedener Prozeduren sowie Verall – gemeinerungs – und Diskriminierungslernen bewältigen. Mit der neueren PUPS – Architektur sind darüber hinaus Lernprozesse über Analogiebildungen und kausale Inferenzen möglich. Weitere Lerntypen bezüglich der "realweltlichen" Problemlösungen durch Roboter wurden an der Stanford – Universität entwickelt (Suppes & Crangle 1990).

Ähnliche Lern – oder Entwicklungsprinzipien finden sich tatsächlich auch in der Handlungsregulationstheorie: So läßt sich die "Delegierung" von Handlungsschemata der intellektuellen Ebene auf die sensomotorische m.E. auch als "Prozeduralisierung deklarativer Aufzeichnungen" verstehen, während auch hier die Veränderungen in – nerhalb einer Regulationsebene wesentlich als Neuzusammensetzung vorhandener Prozeduren faßbar ist (vgl. Allmer 1985).

Die Ursache für das nicht bewältigte Bedeutungsproblem liegt so also offenbar nicht so sehr in dem (als Problem der Darstellung großer Mengen von Wissen und der zu geringen Lernfähigkeit des Systems thematisierten) quantitativen Mangel an Kontext als Träger der Bedeutungsrelation begründet, sondern in der qualitativen Organisation des Kontexts und der damit verbundenen Art der Entwicklung des Systems, die, wie ein – leitend dargestellt in nichts anderem als der Neuzusammensetzung vorhandener Bau – steine besteht.

2.3.4 Motivation und Emotion

Vielkritisiertes Moment der kognitivistischen Psychologie ist deren weitgehende Ab – stinenz gegen die Emotions – und Motivationsproblematik (Thomae 1980). Tatsächlich scheint schon aus der verwendeten Computerprogrammanalogie heraus die Annahme eines Motivationsbegriffes unnötig: Das Programm läuft von alleine (wenn es gestartet ist). Auch die emotionale Bewertung scheint überflüssig: Ein Programm ist gut, wenn es läuft, und schlecht, wenn es nicht läuft (vgl. Pribram 1985). Die Hauptursache ist jedoch sicher methodologisch begründet – im kognitiv – psychologischen Experiment wird die Motiviertheit einfach vorausgesetzt und zusammen mit der Emotionalität als unabhängige Variable gefaßt bzw. in die Varianz abgeschoben (vgl. Neisser 1974,20).

Aus all dem folgt notwendig eine abstrakte Fassung des Verhältnisses von Emotion und Motivation zur Kognition.

Als abstrakte Entgegensetzung von Kognition und Emotion erscheint sie in der Ko – gnitiven Simulation (Turkle 1984,386f; Volpert 1988,144ff), so etwa in den "Stufen des Verstehens" bei Schank & Childers (1986,55ff,73ff), die die "völlige Einfühlung" als höchste Stufe der des "Erfassens" und "kognitiven Verstehens" gegenüberstellen. In der kognitiven Psychologie tritt eine solche Isolierung etwa bei Zajonc (1980,1989) unter dem Schlagwort "preferences need no inferences" auf, in der Neuropsychologie in den bodily – response – Theorien (vgl.Feyereisen 1989).

Die isolierten Emotionen (deren Theorien dann allerdings selten im Kontext des kognitiven Paradigmas i.e.S. stehen) folgen wiederum den typischen Charakteristika kybernetischer Systeme: der beherrschenden Rolle der Rückkopplungen (wie in der facial – feed – back – hypothesis, der perceptual – motor theory oder der prime theory (vgl.Feyereisen 1989)) bzw. der hierarchischen Zusammensetzung komplexer Emotionen aus "primitven Affekten" (vgl.Bischof 1989; Feyereisen 1989).

Ebenso häufig ist jedoch die Fassung beider Momente als abstrakte Identität, so etwa in der Fassung von Emotionalität als (nur) energetischer Aspekt des Verhaltens (Piaget 1973,247; vgl.Bischof 1989), in der Auflösung der Begriffe Motivation und/oder Emo – tion in der Kognition (etwa bei Heckhausen 1977 oder im Anschluß an Andersons ACT – Architektur bei Spies & Hesse 1986) oder aber als einseitige "Belegung" der kognitiven Struktur mit Emotion wie in den postkognitiven Theorien (vgl. Bischof 1989), den Kognitions – Arousal – Theorien (vgl. Feyereisen 1989) oder Erwartungs – mal – Wert – Theorien (wie bei Simonow 1975,1982; oder bei Pribram, Hebb und Berlyne (vgl.Holzkamp – Osterkamp 1977)). Wenn die Emotionen überhaupt eine bestimmende Funktion haben, dann etwa in der Unterscheidung zwischen zwei Ver – haltensprogrammen, wie bei Simon (1967).

Die abstrakte Identität von Motivation und Kognition findet sich etwa im hierarchisch – sequentiellen Modell der Handlungsregulation (Hacker 1986,145; Volpert 1983,54). Diese Identität stellt ebenfalls wiederum zunächst einen gewissen Fortschritt gegen solche Trieb – oder Werttheorien der Motivation dar, die Kuhl & Atkinson (1986) treffend als Esels – und Rübentheorien der Motivation bezeichnen, da hier, wie unter 2.2.3.3. an den entsprechenden neurowissenschaftlichen Theorien gezeigt, alle Aktivität (also der bestimmende Zweck) außerhalb des Verhaltens liegt (und der Organismus so wie ein Esel getrieben – im Falle der Triebtheorien – oder wie eine Rübe gezogen – im Falle der Werttheorien – werden muß). Noch deutlicher wird dies etwa, wenn

G.A.Kelly (1955) den Motivationsbegriff überhaupt mit den Worten ablehnt:"Das Motivationskonstrukt, stärker noch die Konstrukte Trieb oder Bedürfnis, beinhalten eine recht mechanische Vorstellung von Kausalität, welche die wahrgenommene Selb – ständigkeit wegnimmt und leugnet".[13]

Doch während in der abstrakten Gegenüberstellung von Kognition einerseits und Emotion/Motivation andererseits der Zweck von vorneherein außerhalb des Verhaltens liegt, "klettert" er im Falle der abstrakten Identität, wie einleitend beschrieben, die Pyramide der kognitiven Repräsentationen hinauf und langt so schließlich auch au – ßerhalb des Verhaltens an.

2.3.5 Die "holistische" Kritik

Der zentrale Vorwurf gegen das kognitive Paradigma ist, daß zwar der Atomismus der Elemente durch die Einführung einer Strukturmatrix überwunden wird, aber lediglich durch einen Atomismus der Regeln ersetzt wird und mit solchen Regeln[14] die Ganz – heitlichkeit und Intuitivität des menschlichen Erkenntnisvermögens nicht erfaßbar ist. So betont etwa H.L.Dreyfus (1987,37 – 71), daß wir Menschen nur in ungewohnten, neuen Situationen "regelgeleitet" handeln. Einigermaßen geübtes Verhalten, die Tätig – keit von Experten, aber auch das Alltagshandeln sind hingegen situativ und holistisch, eine Differenz, die Dreyfus mit der Unterscheidung von "Know – that" und "Know – how" festhält. So wissen die meisten Menschen, wie man Fahrrad fährt, kaum jemand wird aber wissen, daß man es nach den und den Regeln tun könnte, geschweige denn tatsächlich so tun (vgl.Dreyfus ebd.).

Searle (1986b,45ff) hingegen unterlegt dem Terminus "Regel" eine inhaltlich – bedeu – tungsgeleitete Struktur, so daß er zu dem terminologisch umgekehrten, aber begrifflich weitgehend identischen Schluß kommt, daß zwar Menschen bisweilen (den Bedeutun – gen von) Regeln folgen, Computerprogramme hingegen "lediglich in Übereinstimmung mit gewissen fomalen Verfahren" funktionieren.

Auch Volpert (1987;1988,180ff) betont ähnlich wie Weizenbaum (1977,276ff) neben

---

[13] Übersichten zu diesen und anderen Fassungen des Motivationsbegriffes finden sich bei Thomae (1965) und Weiner (1984).

[14] Erfaßt werden diese Regeln zumeist wie schon in der generativen Grammatik von Chomsky oder der Psychologie der Intelligenz bei Piaget (1971) in unbe – wußter Form, als "tacit knowledge".

Sozialität und aktivem Tätigsein das gefühlsmäßig – ganzheitliche Erfassen und die flexiblen Grundmuster und Begriffsgestalten des Erkennens als über das kognitivistische Paradigma nicht faßbare Eigenschaften menschlicher Kognition.

Wie in den Neurowissenschaften (2.2.3.4.) sind auch in der Psychologie solche ganz – heitlichen Phänomene schon lange bekannt, sowohl im Bereich der Wahrnehmung als auch der Motorik, und theoretisch erfaßt, wie besonders in der "Gestalttheorie" (Köh – ler, Wertheimer, Koffka).

Zum Problem, wie in die kognitive Verarbeitung Ganzheit (und Bedeutung) kommt, schreibt etwa M.Wertheimer (1985) im Jahre 1925: "Für das, was man an einer Stelle hört, in einem Gesichtsfeld, einem Feldteil sieht, ist entscheidend, wie die Ganzver – hältnisse sind. Der Mensch ist einem Felde gegenüber und was in dem Felde geschieht, hängt nun [...] im Wesentlichen damit zusammen, daß das Feld dahin tendiert, sinnvoll zu werden, und daß man oft erstaunlich starke Mittel verwenden muß, um ein nach dem Sinnvollen tendierendes Feld zu zerstören bzw. andere Gestaltung zu erzwingen. Das Feld hat von seinen Ganztendenzen her auch seine Dynamik, und das Dynamische, das in der Psychologie vorher fast gar nicht vorgekommen war, drängt nun extrem vorwärts."[15]

Die Erfassung solcher "Gestaltphänomene" verspricht, und das ist wohl einzelwissen – schaftlich entscheidend, die Bewältigung der zentralen empirischen Inkonsistenz der Computerprogrammanalogie: Hinreichend komplexe Sachverhalte (Programme) haben einen weit höheren Zeitbedarf als entsprechende kognitive Leistungen des Menschen. So gestehen schon Miller et al. (1973,91) ein, daß eingeübte Bewegungen so ungeheuer schnell ablaufen, daß keine Zeit für die propriorezeptiven Rückkopplungen ihres Modells bleibt, und sehen sich gezwungen, eine "vorprogrammierende" Digital – Ana – log – Umformung im Kleinhirn anzunehmen.[16] Auch die sensorischen Primärprozesse müssen von Neisser (1974) einer verteilt – parallelen Verarbeitung zugeschrieben werden, während Miller et al. (1973,11) von einem "Image" ausgehen.

Auch in der modernen KI wird die Unmöglichkeit einer vollständigen Beschreibung von motorischen oder Wahrnehmungsaufgaben eingestanden und auf "implizite" Instruktio – nen ausgewichen (Suppes & Crangle 1990).

---

[15] Wie sich zeigen wird, bleibt aber auch hier das Problem des Subjektes: "Gibt es Gestalten ohne Gestalter? Formen ohne formende Agenten?" (Graumann 1989).

[16] Die gleiche Hypothese findet sich auch noch bei Popper & Eccles (1977,276).

Die in diesem Abschnitt genannten Schwierigkeiten führten zu zwei Debatten[17] innerhalb der Kognitiven Wissenschaften:

(1) der Imagery – Debatte: Ist Wissen propositional oder bildhaft repräsentiert?

(2) der Konnektionismus – Debatte: Ist Wissen symbolisch – diskret oder verteilt repräsentiert? (Freska 1989;1990)

Beide Debatten, verbunden mit Fortschritten im mathematisch – technischen Bereich (parallelverarbeitende Architekturen, content – statt location – adressierbare Programmiertechniken, mathematische Methoden paralleler Netzwerke mit Konvolutions – und Matrixmodellen (Pribram 1985)) sowie in den Neurowissenschaften führen hin zu derzeitig vor sich gehenden Veränderungen in den Kognitiven Wissenschaften, die nach Horgan & Tienson (1989, 149f) eine "Kuhnian Crisis" der "Good Old Fashion Artificial Intelligence" darstellen und in den 90er Jahren nach Pribram (1985) über eine der "kognitiven Wende" vergleichbare "holistische Wende" hin zu einem "heterodoxen Kognitivismus" nach Andler (1985) führen sollen.

---

[17] Freska (1989,1990) verweist neben diesen beiden noch auf die frühere zwischen Befürwortern einer deklarativen gegen solche einer prozeduralen Wissensdarstellung.

2.4 Der "heterodoxe" Kognitivismus

2.4.1 Imagery – Debatte und Holonomic Theory of Perception

2.4.1.1 Die Imagery – Debatte

Der Beginn dieser Diskussion[18] läßt sich wohl mit den Experimenten von Shepard & Metzler (1971; vgl. Cooper & Shepard 1986)) festhalten, die beim Erkennen von Übereinstimmungen zweier räumlich gedrehter perspektivischer Zeichnungen des gleichen Gegenstands eine signifikante Korrelation von Drehwinkel und zur Beantwor – tung der Frage (übereinstimmend oder nicht übereinstimmend ?) benötigter Zeit nachweisen konnten.

Ausgehend von diesen und ähnlichen Experimenten thematisierten zwei neue Ansätze Alternativen zu den ausschließlich auf propositionaler Wissensrepräsentation beruhen – den Konzepten: (1) Kosslyn (1971;vgl.1981) suchte nachzuweisen, daß visuelle Infor – mationsverarbeitung ausschließlich auf quasi – perzeptiven Wissensrepräsentationen beruht.

(2) Paivio (1971) schlug die Verarbeitung mittels zweier unabhängiger, aber miteinander interagierender Systeme vor. Die Entgegnungen von Pylyshyn (1973;1981) zeigten jedoch, daß die experimentellen Daten auch anders interpretiert werden können.

Trotzdem dominierte die Dualcodierungstheorie Paivios in den letzten Jahren (vgl.Si – mon 1990,14), wobei die Diskussion jedoch zunehmend hinter die Konnektionismusde – batte zurückgetreten ist (McGuiness 1989).

2.4.1.2 Die Holonomic Theory of Perception

Pribram (1975,165) geht davon aus, daß eine relative Trennung von programmartiger Verarbeitung der linken und bildhafter Verarbeitung der rechten Hemisphäre vorhan – den ist, meint aber, daß auch in der linken Hemisphäre trotz der Speicherung von Regeln eine holonome Tiefenstruktur vorliegt.

Mit dieser "Holonomie" greift Pribram ausdrücklich auf die holistische Interpretation der Quantentheorie durch Bohm (1951) zurück, nach der Partikel – und Wellenform

---

[18] Einen Überblick bietet etwa McGuiness (1989).

des Lichtes Teil eines übergreifenden "Ganzen" sind, einer "impliziten Ordnung" (vgl. Bohm 1985). Nach dieser Analogie ("das Ganze ist in jedem seiner Teile" – Capra 1988,335), die Bohm (1951,169ff) selbst schon auf Denkvorgänge projiziert hatte, baut K.H.Pribram (1975; 1986; 1987; vgl. Golemann 1979) im Anschluß an Campbell (vgl. Campbell & Maffei 1986) zunächst für Wahrnehmungsprozesse eine Theorie auf, die nicht mehr auf der Analogie zum Computerprogramm, sondern zur Holographie beruht. Hologramme (Fotografien der Interferenzmuster zweier sich überlagernder Laser – strahlen) besitzen mehrere dem menschlichen Gehirn entsprechende Eigenschaften: Sie sind "holistisch" (jedes Stück des Hologramms "enthält" das gesamte Bild), wirken als "assoziative Speicher" (Reproduktion des ganzen oder eines dazugehörigen Objekts bei Vorgabe eines Teiles oder des anderen Objekts durch einen reflektierten Laserstrahl) und "erkennen" Ähnlichkeiten praktisch sofort (Pribram 1975,165f; Dreyfus & Dreyfus 1988, 89ff).

Pribram (1975,168ff) zeigt nun, wie Axone und Dendriten von Nervenzellen in der Umgebung von Synapsen hochkomplexe, elektrochemische Potentialfelder vermittelnde Mikrostrukturen aufbauen, die als Fourier – Analysatoren in Analogie zu Hologrammen wirken können.[19] Diese Dynamismen führen nun allerdings in dem Sinne nicht zu rein "holistischen" Phänomenen, als bestimmte Neuronengruppen bzw. Verknüpfungen mit bestimmten Reizkonfigurationen korreliert bzw. selektiert werden (Pribram & Carlton 1986; Pribram 1987), so daß sowohl eine Alternative zu "hierarchischen" als auch zu "parallelen" Verarbeitungsmodellen entsteht.

Auch Pribram (1975,174ff) betont dabei den "konstruktiven" Charakter der Wahr – nehmung, wenn er bemerkt, daß der "Input" lediglich die Aktivierung und Organisation des verteilten holographischen Speichers übernimmt, der die Bilder selbst produziert. So entsteht eine Alternative sowohl zu rein konstruktiven als auch zu direkten Wahr – nehmungstheorien, indem die Bilder ebenso durch die Information aus der Umwelt, wie durch die schon im System vorhandene konstituiert werden. Volpert (1984;1986) nimmt über den hier erarbeiteten "holonomen" Aspekt der Hirnfunktionen eine Konkretisie – rung des auf Grundlage der Computerprogrammanalogie erarbeiteten hierarchisch – sequentiellen Modells der Handlungsregulation vor, indem er (in Analogie zu Bohm 1985) der "expliziten Ordnung" der in Ausführung befindlichen Handlung als sequen – tielle, aber auch parallele Zielverfolgung, eine "implizite Ordnung" zuordnet, die nach

---

[19] Später verweist Pribram (1987) hier auf die Kompatibilität seines Ansatzes mit den elektrotonischen Informationsverarbeitungsmodellen (etwa Schmitt et al.1976) und feldtheoretischen Hirnmodellen (vgl.3.3.2.).

der Art des Piagetschen (1971), aber besonders Neisserschen (1979) Schemabegriffs (vgl.4.2.4.2.) die Handlung konstruiert.

2.4.2 Die Konnektionismusdebatte

Die ersten Forschungen zu neuronalen Netzwerken (auf Grundlage der Arbeiten von Pitts & McCulloch) sind älter als die "Physical Symbol System Hypothesis", basierten aber lediglich auf der Annahme einfacher Alles – oder – Nichts – Neurone, so daß sie weit hinter den Erfolgen der letzteren zurückblieben (wie etwa die Arbeiten zum "Perceptron" von Minsky & Papert) und schließlich eingestellt wurden (McCurdock 1987,77 – 94). Die Gründe für das Wiederaufkommen solcher Arbeiten im Gefolge des Zurückbleibens der orthodoxen KI hinter ihren ursprünglichen Ansprüchen waren wiederum:

(1) Die elegante und natürliche Lösung solcher in der orthodoxen KI nie so recht gelösten Probleme wie Muster – und Spracherkennung, Lernen, parallele Verarbeitung, assoziatives Gedächtnis etc.

(2) Als Modellsystem erscheint ihre "Implementierung" in der "wetware" des Gehirns weit wahrscheinlicher: Sie arbeiten "holistisch", nicht – hierarchisch, benötigen keine expliziten Semantiken, lassen Zufälligkeiten und Ausnahmen zu, engen nicht den Bereich der zulässigen Inputs ein etc. (McClelland & Rumelhart 1981; Andler 1985; Reilly 1989; Hinton 1989; Ritter & Kohonen 1989; Horgan & Tienson 1989; Kehoe 1989; Goschke & Koppelberg 1990).

Gegenüber dem ursprünglichen Konnektionismus geht der "Neokonnektionismus" von einem durch Einführung von Wichtungen der synaptischen Eingänge und Analogisie – rung des Zustandes weit komplexeren Neuron aus, so daß durch Zusammenschaltung dieser Neuronen eine "Ganzheit" entsteht, die relativ gleichgültig gegen das einzelne Neuron ist. So werden gegenüber der orthodoxen AI etwa in der Bildverarbeitung "top – down – Modelle" möglich, in denen das "ganze" Bild auf seine Elemente wirkt.

Der entscheidenden Duchbruch gelang wohl der Gruppe um Rumelhart & McClelland (1982; McClelland & Rumelhart 1981; Rumelhart et al.1986; Hinton 1989) durch die Einführung zwischengeschalteter "hidden units" zwischen input – und output – layer und ihrem back – propagation – Modell: Beginnend mit einem zufälligen Output wird dessen "Fehleroberfläche" als Differenz zu einem vorgegebenen, richtigen Output durch die Schichten (layer) des Netzwerkes zurückgerechnet und somit die Wichtungen der

"Synapsen" in Richtung einer Annäherung an die vorgegebene Antwort verändert.

Nach Ritter & Kohonen (1989), Körner (1989), Churchland (1986), Strube (1990) aber auch Hinton (1989) reproduzieren sich jedoch gerade so die eben angeführten Mängel der orthodoxen AI:

(1) Hinreichend komplexe Lernaufgaben werden nicht mehr bewältigt.

(2) Das Modell ist immer noch nicht biologisch plausibel (die Neuronen müßten bidirektional arbeiten, die Repräsentationen sind nicht topologisch).

So meint Körner (1989): "Die eigentliche Leistung (des Gehirns – A.Z.), die wir so bewundern ist [...] nicht das Resultat der Relaxation in großen einheitlich aufgebauten Netzen, sondern wird über eine hochentwickelte Architektur aus lokal begrenzten, spezialisierten Netzen ermöglicht". Sowohl Körner (1989) als auch Hinton (1989) sehen einen Ausweg in einem neurowissenschaftlichen Vorstellungen (etwa Popper & Eccles 1977,227ff) entsprechenden Modulkonzept, welches nicht das Neuron, sondern die Minicolumne als strukturierte Einheit von Neuronen zur Grundlage hat (vgl. auch Davies 1989). Dementsprechend können Netzwerksimulationen, die sich streng an das biologische Vorbild halten (allerdings zumeist an "niedere" Tiere), tatsächlich ver – blüffende Leistungsanalogien zeigen (so etwa Alkon 1989; Alkon et al.1990; Koch & Brunner 1988; Koch et al.1989; vgl.Palm 1988).

Doch auch hybride Modelle, die die Vorteile von Symbolverarbeitung und Neokon – nektionismus verbinden sollen, werden diskutiert (Strube 1990).

2.5 Kritik der Anwendung des kybernetischen Systembegriffs auf das lebende Indivi – duum und dessen Reformulierung als Zweck – Mittel – Dialektik

2.5.1 Reformulierung als Zweck – Mittel – Dialektik

An dieser Stelle ist es notwendig, die unter 1. angedeutete, aber erst unter 4. "produ – zierte" Zweck – Mittel – Dialektik des Forschungsprozesses "vorauszusetzen":

Der Forscher, eignet sich im Forschungsprozeß ein Forschungsobjekt theoretisch und/oder praktisch an. Diese Aneignung wird zur Erkenntnis, wenn sie zu einem Allgemeinen führt, auf welches sich viele individuelle Subjekte beziehen können, wenn sie sich über den Gattungszusammenhang (5.) verwirklicht.

Das Forschungssubjekt hat gegenüber dem Objekt den äußerlichen Zweck, es zu erkennen, "tritt in ein Verhältnis" des Begriffes "als Zweck zur Objektivität ein, worin die Unmittelbarkeit das gegen ihn Negative und durch seine Tätigkeit zu bestimmende wird" (III,192).

Wie jeder Zweck, so bedient sich auch das Forschungssubjekt der "List der Vernunft" (III,241) und "schließt sich durch ein Mittel mit der Objektivität und in dieser mit sich selbst zusammen" (III,236).

Im Falle der (wissenschaftlichen) Erkenntnis ist jenes Mittel die Methode. Die Methode vermittelt nicht nur das (individuelle) Forschungssubjekt und seinen Forschungsgegen – stand, sondern stellt ebenso jenes Allgemeine vieler Subjekte dar, welches in diesem Falle den Gattungszusammenhang vermittelt. Um diese Allgemeinheit zu gewährleisten, muß die Methode den Kriterien derjenigen Gemeinschaft (hier der jeweiligen Wissen – schaftler) genügen, deren Allgemeines sie darstellen soll (so etwa Validität, Konkor – danz, Reliabilität, Utilität – Sprung & Sprung 1987,171ff).

Moment einer Methode kann ein Modell sein. Das Modell ist ein Mittel, mittels dessen (unter Bezug auf welches) ein Subjekt seine eigenen Handlungen bezüglich des Objek – tes koordiniert. Nur in diesem Sinne (also, wie sich zeigen wird keinem repräsentatio – nistischen) wird im Weiteren der Begriff "Beschreibung" verwendet.

Ein auschließlich sprachlich und/oder mathematisch formuliertes Modell soll hier Theorie genannt werden.[20]

---

[20] Es wird in diesem Zusammenhang von näheren Differenzierungen wie Annahme, Hypothese etc. abstrahiert.

Die Methode (wie auch das Modell, die Theorie) sind jedoch nicht nur Mittel, sie sind auch ausgeführter Zweck des Erkenntnisprozesses als "teleologische Tätigkeit".

Für das Mittel ist der Zweck des Forschungssubjekts ein äußerlicher, insofern es diesem Zweck völlig untergeordnet ist.[21] Das kybernetische System als Modell hat also zu – mindest einen Zweck außer sich, nämlich den Forscher. Das "Herausspringen" des Zweckes aus dem System, welches sich permanent in diesem Kapitel erwiesen hat, endet so im Forschungssubjekt.

Außer diesem Zweck, außer diesem Setzen durch das Forschungssubjekt als Beschrei – bung zeigt sich im System keine Zweckbeziehung. Das kybernetische System erweist sich so als nichts anderes als die beschreibende Setzung des Forschers.

Im Bezug auf dieses System als Modell kann der Forscher nun bestimmte Aspekte eines Forschungsobjekts beschreiben. Was er aber mit diesem Modell auf keinen Fall be – schreiben kann, ist eben die innere Zweckbeziehung, die sein Objekt aufweisen könnte, eben die Zwecksetzung.

Er kann damit per Ansatz zumindest nicht sich selbst beschreiben und außer sich selbst weiter zumindest kein anderes Subjekt.

Wir postulieren hier (wiederum mit Hegel III,201ff, aber auch mit Leontjew 1973 und Jantzen 1985,1987,1990), daß Lebewesen sich als Subjekte beschreiben lassen und werden im Weiteren zeigen, daß dieses Postulat sinnvoll ist.

Entsprechend diesem Postulat kann mit dem kybernetischen Systembegriff weder ein lebendes System noch das dieses integrierende Nervensystem vollständig beschrieben werden. Was beschrieben werden kann, ist so lediglich eine der unwesentlichen Seiten des lebenden Individuums, welches es mit Objekten, die nicht Subjekt sind, gemeinsam hat. Der Mangel des kybernetischen Ansatzes besteht nun darin, von dieser setzend – modellierenden Beziehung des Forschers auf sein Objekt zu abstrahieren und es so zu ontologisieren, es "nur unter der Form des Objekts oder der Anschauung" (vgl.1.), als etwas "Vollendetes, Fertiges" zu fassen, so daß es "gleichgültig gegen diese seine Bestimmung [...] erscheint" und so seine "Kausalitätsbeziehung", d.h. seine bestimmende Aktivität "nur ein Vorgestelltes ist" (III, 199f).

Somit klärt sich das dem Leser sicher aufgefallene Hin – und Herspringen zwischen Festhalten der abstrakten Aktivität des Systems als Fortschritt und seiner Bestimmtheit durch die Inputs als Mangel des kybernetischen Systembegriffs:

---

[21] Dies schließt, wie zu zeigen sein wird, nicht aus, daß dieses Mittel eine in sich reflektierte Zweckbeziehung hat.

Was am System aktiv und bestimmend scheint, ist nichts anderes als die beschreibend – setzende Aktivität des Forschungssubjekts, dessen Mittel und ausgeführter Zweck dieses System ist. Mittels des Systems setzt der Forscher die Inputs des Systems voraus und produziert sie.

Hinter dem vorgegebenen Sollwert (bzw. der Sollwert – Istwert – Differenz) als Zwek – kursache verbirgt sich immer nur der Forscher, der seine Setzung nach Abstraktion von dieser Setzung hinsichtlich ihres Scheins von Selbständigkeit bestaunt.

Selbst wenn man von dem unter 2.1. der Einfachheit halber in den Mittelpunkt gestell – ten Fall der hierarchisch – verschachtelten Rückkopplungskreise zu komplexeren Modellen, die semantische Netzwerke mit hoher Parallelität einbeziehen (wie die Architekturen J.R.Andersons 1989a,b) oder zu allgemeineren Modellen (wie dem Ansatz Ashbys 1972) übergeht, erweist sich die Zwecksetzung des Forschers als das die Aktivität des Systems bestimmende, vom System vorausgesetzte, aber nicht produzierte, also vom Forscher gegebene Moment – in jedem AI – Modell das explizit formulierte Programm, bei Ashby (1972) die "essentiellen Variablen" bzw. die Parameter der Stufenfunktion. Letzterer gibt allerdings im Geist seiner Zeit zu, was erstere im Geist der ihren oft nicht mehr wahr haben wollen, nämlich, daß "Spontaneität" des Verhaltens so immer nur etwas dem Beobachter auf Grund seines mangelnden Wissens "Erschei – nendes" ist.

Dieses Abstrahieren von der Zweckbeziehung des Forschers auf das System als episte – mologischer Mangel einerseits und das Fehlen einer in sich reflektierten Zweckbezie – hung des Systems andererseits sollten sich als Ursache der konzeptionellen und empi – rischen Schwierigkeiten des Ansatzes erweisen lassen.

Der gleiche Kritikansatz, das Computerprogramm bzw. den Computer in seiner Mittel – funktion festzuhalten, findet sich ebenso etwa bei Holzkamp (1989) oder Gigerenzer (1988). Er schwingt implizit auch bei Volpert (1984,1986,1988) mit. In allen Fällen wird jedoch übersehen, daß es zunächst einmal Eigenschaft jedes Modells ist, Mittel des Forschers zu sein. In eben dieser Form wird die Mittelfunktion des Modells zumindest in neueren Studien zur kognitiven Simulation durchaus verstanden. So bemerkt etwa Strube (1990,138): "Es geht [...] nicht mehr um die Frage, ob die Umwelt in unseren Köpfen 'konnektionistisch' (symbolisch, analog, propositional etc.etc.) repräsentiert ist, sondern allein darum, ob konnektionistische oder herkömmliche Modelle [...] als ge – eignetere Mittel zur Modellierung eben dessen taugen, was in unseren Köpfen re – präsentiert und wahrnehmend, denkend, sprechend transformiert wird". Die Kritik greift tatsächlich erst dann, wenn sie erfaßt, "daß die Konstruktionsideen des Ingenieurs, der den 'mechanical brain' entwirft, mit dem Robotergehirn zusammen zwar kein physi-sches, wohl aber ein logisches System bilden" (Günther 1976,233). Erst auf diese Weise gelangt man entsprechend der hier vertretenen Intentionen, etwa wie v.Glasersfeld in Bezug auf die Ergebnisse von Powers (1978), zu dem Schluß, "daß die Einbettung in die Zielstruktur ihrer Benutzer zu einer schwerwiegenden Fehlinterpretation des tatsächlichen Funktionierens von Rückkopplungsmechanismen geführt hat".

2.5.2 Ganzheit

Einleitend (1.) wurde darauf verwiesen, daß eine Ganzheit dann und nur dann vor-liegen kann, wenn sie sich zu ihren Teilen, wie der Zweck zu seinen Mitteln verhält. Wenn im kybernetischen System Ganzheit entweder nicht faßbar ist (als ihre Negation im reduktionistischen Ansatz oder ihr Vorgeben mittels Worten statt Begriffen im systembiologischen Ansatz) oder ihr offenbares Fehlen zu überwinden gesucht oder kritisiert wird (wie im Falle des kognitiven Paradigmas), so liegt dieser Mangel im Fehlen einer in sich reflektierten Zweckbeziehung begründet.

Ganzheit ist also in diesem Falle nur die Einheit von Forscher als Subjekt und System als Mittel.[22] Wie sich diese Ganzheit selbst beschreiben läßt, wird Gegenstand der nächsten Kapitel sein.

Um sein Objekt als Ganzes zu erkennen, muß ein System selbstverständlich selbst ein Ganzes sein, ja mehr noch, es muß über seinen einfachen Selbstzweck hinaus in der Lage sein, partikulare Zwecke zu generieren, die sich eine solche Ganzheit im Objekt-bereich unterordnen.

Der für das kognitive Paradigma wie seine Kritik fundamentale Grundsatz der Regel-geleitetheit der Aktivität des Systems reproduziert im System entsprechend die aus-schließliche Bestimmung des Forschers auf das System: Im Begriff der Regel liegt schon die Unmöglichkeit der Modifikation durch das System und somit der Unterordnung unter eine systemimmanente Zweckbeziehung. Zunächst einmal läßt sich diese Be-hauptung auch nicht mit der Bemerkung entkräften, daß das System selbst Regeln generieren kann, da entsprechend der Gödelschen Theoreme in traditionellen logischen Systemen immer Regeln gegeben sein müssen, die nur die wirkliche Ganzheit For-

---

[22] Es erübrigt sich wohl zu sagen, daß diese Ganzheit prinzipiell zur Erfüllung all der als Problem monierten Fälle in ihrem Entwicklungskontext in der Lage ist im einfachsten Falle, indem der Forscher selbst die Muster erkennt, im ver-mittelten Falle, indem er etwa ein neues Programm schreibt.

scher/System modifizieren kann. Entsprechend müssen in jedem Physical Symbol System bestimmte "Regeln" (explizit spezifizierte Programme) gegeben sein. Darüber – hinaus wird jedoch im Folgenden nahegelegt werden, daß lebende Systeme auch den abgeleiteten formalen Regeln nie folgen, sondern sich zu ihnen immer nur "verhalten" (3.2.2.;5.2.). Die formale Regel selbst stellt so wiederum eine Beschreibung des Ver – haltens des Systems dar, die von dessen Subjektivität abstrahiert, ist also nichts anderes als dessen Setzung. Menschliches Verhalten ist so in keinem anderen Sinne regelgeleitet als etwa die Planetenbewegung.

Durch die Ausklammerung des Forschungssubjekts entsteht auch hier wiederum die Verwechslung zwischen Aktivität des Systems und Aktivität des Subjekts. Searle (1986b, 47) hält dies (wiederum unter Verwendung seines "semantischen" Regelbegriffes) fest, wenn er sagt: "Die Verwechslung ist da, wenn man die Metapher wörtlich nimmt und dann mit dem (im Falle des Computers vorliegenden) metaphorischen Sinn von Re – gelfolge den psychologischen Sinn von Regelfolge zu erklären versucht, der überhaupt erst einmal die Basis für die Metapher abgegeben hat".

2.5.3 Bedeutung und Intentionalität

Entsprechend der o.g. "Physical Symbol System Hypothesis" ist Information als das, was durch das System verarbeitet wird, als symbolisch codierte Bedeutung gefaßt. Wie die Probleme der subjektiven Setzung und der Ganzheit, lassen sich auch die beiden Momente dieser Fassung von Information als fehlende Reflexion der Beziehung des Forschungssubjekts auf das System reinterpretieren:
(1) Die im Computer verarbeiteten Zeichen sind lediglich für den Beobachter "Sym – bole", da das Bezeichnete, die Bedeutung nur für den Beobachter existiert, der gleich – zeitig Zugang zu System und Umwelt hat. Doch liegt hierin kein Mangel im Modell selbst, sondern zunächst in seiner Interpretation, denn auch das Gehirn arbeitet mit solchen im repräsentationistischen Sinne "bedeutungsneutralen" Zeichen (vgl. Roth 1985, Varela 1987). Insofern unterstellen sowohl die Forscher als auch die Kritiker der o.g. Hypothese selbst die Bedeutung der Zeichen, die die Zeichen für das System gar nicht haben, da das System nicht dem Inhalt, sondern nur der Form der "Symbole" fol – gend Information verarbeitet.
Hierfür ein Beispiel: So formuliert etwa J.R.Searle (1986a,b;1990) das Beispiel eines Mannes, der kein Chinesisch gelernt hat und in ein Zimmer eingesperrt ist, dort nur die Zettel mit chinesischen Zeichen von draußen bekommt, an Hand weiterer (gegebener)

Zettel aus diesen Zetteln adäquate "Antworten" herleiten kann und diese als "sinnvolle Antworten" wieder nach außen gibt. Die Leute draußen können so diesen Mann nicht von einem unterscheiden, der tatsächlich chinesisch versteht – der Mann würde den Turing–Test (Turing 1980) "bestehen" obwohl er nach Searles Meinung nicht wirklich verstehen würde.

Tatsächlich unterschiebt jedoch Searle in seiner Kritik exakt eine vom Beobachter getroffene Zuordnung von Symbol und Bedeutung, die so auch für das Gehirn kein "Verstehen" beschreiben kann: Wenn Bedeutung "entsteht", so muß sie demzufolge im System selbst entstehen, dessen Signale im Falle des Computers wie des Gehirns zunächst bedeutungsfrei sind.[23]

(2) Bedeutung ist so also grundsätzlich als Kontextrelation (vgl.v.Glasersfeld 1987,39) zu fassen, wie es in den zum Problem der Semantik dargestellten Ansätzen auch tatsächlich geschieht. Ob das System selbst Bedeutung generieren kann, ist also we – sentlich die Frage, wie dieser Kontext organisiert ist. Doch eben hier ergibt sich durch das "Hinaufklettern" des Zweckes eben das gleiche Problem für die Bedeutung: Be – deutung haben, heißt Mittel für einen Zweck sein. Bedeutung hat etwas also nur in Relation zu einem Zweck.[24] Das "für was" der Bedeutung wandert so aber genau wie der (genauer: als der) Zweck Stufe für Stufe nach oben und "springt" dann aus dem System. Bedeutung existiert so wiederum nur für den Beobachter. Für das System existiert kein Kriterium für Bedeutsamkeit. Sofern eine Verarbeitung "semantisch" erscheint, so sind es die Bedeutsamkeitskriterien des Forschers, die eben von diesem gegeben sind, welche diesen Schein erzeugen.

Das gleiche Problem erscheint quasi in "umgekehrter" Richtung, wenn die Frage nach der Bedeutung "von was" gestellt wird wie ist die Bedeutung des "Symbols" auf das "Bedeutete" bezogen ? Gefaßt wird dieses Problem in der Diskussion in den Cognitive Sciences im Begriff der "Intentionalität", der historisch auf Husserl und schließlich

---

[23] Man vergleiche hierzu auch die Kritik von Churchland & Churchland (1990) zu der auf den Neokonnektionismus erweiterten Version der "chinesischen Turn – halle" von Searle (1990).

[24] Die "Bedeutung" im informationstheoretischen Sinn ist aus der Sicht eines subjekttheoretischen Ansatzes somit synonym zu "Bedeutsamkeit" entgegen der im englischen Sprachraum üblichen Differenzierung von "meaning" und "signifi – cance"; Bedeutung im sprachtheoretischen Sinne ist somit eine besondere Form der subjektabhängigen Bedeutsamkeit, nämlich die Bedeutsamkeit sprachlicher Strukturen für die Orientierung des Systems.

Brentano zurückgeht. So verweist etwa Dreyfus (1984a; 1985) in Rückgriff auf Husserl darauf, daß Intelligenz nicht im passiven Aufnehmen kontextfreier Fakten besteht, sondern in einer zielgerichteten, auf antizipierte Fakten gerichteten Aktivität.

Searle (1984;1987) entwickelt hingegen unabhängig von Husserl (wenn auch mit vielen Ähnlichkeiten zu diesem – Dreyfus 1984a) eine Theorie der Intentionalität, von der aus sich eine sinnvolle Kritik des Bedeutungsbegriffes der Kognitiven Wissenschaften führen läßt: Analog zu den Begriffen "illokutionäre Rolle" und "propositionaler Gehalt" seiner Sprechakttheorie (Searle 1983) hält er als Momente von Intentionalität einen "psychischen Modus" (etwa: ich wünsche ..., ich hoffe ..., ich befürchte ...) und einen "Repräsentationsgehalt" (etwa: ...,daß Sie das Zimmer verlassen.) fest.

Der psychische Modus hält dabei die "Geist – auf – Welt" – oder "Welt – auf – Geist" – Ausrichtung des Repräsentationsgehaltes in seiner qualitativen Bestimmtheit fest. Eine solche Ausrichtung läßt sich nach Searles Auffassung innerhalb des kognitiven Para – digmas nicht zeigen.

In der Sprache der Zweck – Mittel – Dialektik (2.5.1.) läßt sich also auf Grund der Äußerlichkeit der Zweckbeziehung nicht festhalten, wie der Zweck an die Basis der Systempyramide zurückkehrt und modifizierend – aneignend, also wirklich (und nicht nur der formellen Möglichkeit nach) bestimmend auf den Gegenstand wirkt.

Das Bedeutungs – und das Intentionalitätsproblem sind also insofern komplementär, als das erstere das "Heraufklettern" und "Hinausspringen" des Zweckes und das letztere die daraus resultierende und dieses Bedingende fehlende "Rückkehr" des Zweckes thema – tisieren. Beide gemeinsam halten so das Fehlen der in sich reflektierten Zweckbezie – hung fest.

So zeigen kybernetische Systeme keine "intrinsische Intentionalität", wie der mensch – liche Geist, sondern erhalten von diesem lediglich eine "als – ob – Intentionalität" zugeschrieben (Searle 1980). Auch hier findet sich als Ursache der philosophischen Fehlinterpretation die Abstraktion von der Zwecksetzung durch das Forschungssubjekt. Darüberhinaus besteht eine Besonderheit "intrinsischer Intentionalität" (etwa gegenüber dem propositionalen Gehalt der immer auf abgeleiteter Intentionalität beruhenden Sprechakte) in der Unmöglichkeit der propositionalen Formulierung (und somit der Programmierung in einem Physical Symbol System) ihres Repräsentationsgehaltes (Baumgartner & Payr 1990). Diese Unmöglichkeit resultiert aus der Durchsetzung des gesamten Netzwerkes intentionaler Zustände mit (nichtintentionalem) "Hintergrund – wissen" (Searle 1987,180ff). Entsprechend sind die aus dem repräsentationalen Gehalt resultierenden "Erfüllungsbedingungen" der Intentionen in den seltensten Fällen im

Voraus in irgendeiner Form explizierbar, so daß sie im hier zu kritisierenden Sinne überhaupt keine Repräsentationen darstellen (vgl. Searle 1987,28).[25]

2.5.4 Heterodoxer Kognitivismus

Bezüglich der Ansätze des heterodoxen Kognitivismus wäre nun zu fragen, ob die bislang nahezu einhellig als praktisch ungelöst konstatierte Problematik der Ganzheit – lichkeit der "Kognitionen" dieser Systeme prinzipieller Natur ist, eine Frage, die iden – tisch ist mit der Frage nach der Fähigkeit dieser Systeme, selbst Zweckbeziehungen aufzubauen. So besteht zwar in den Neuronalen Netzwerkmodellen die Möglichkeit, regelfreie Repräsentationen aufzubauen[26], so daß die Zwecksetzung des Forschers nicht notwendig in der Setzung von "Regeln" bestehen muß.

Doch läßt sich etwa für den Ansatz von Rumelhart et al. zeigen, daß auch hier die Strukturierung des Systems nicht nach den eigenen Zweckbeziehungen des Systems erfolgt, da, wie in der Darstellung hervorgehoben, der richtige output des Systems und somit der Zweck der Veränderung immer gegeben sein muß.[27] Auch in diesem Falle treten neben dieser äußerlichen Zweckbeziehung keinerlei Effekte auf, die dem System selbst eine in sich reflektierte Zweckbeziehung zuzuschreiben erlauben würden: Die Homöostase der Ladungszustände des Systems ist völlig von seinen Wichtungen be – stimmt, die Wichtungen von der zufälligen oder willkürlich gewählten Ausgangssituation einerseits und dem gegebenen Endzustand andererseits. Hinzukommt, daß nun selbst die abstrakte Aktivität, die im Falle des Computerprogrammes noch auf Seiten des Systems lag, nun einem bloßen "Reagieren" platz macht. Eng hiermit verbunden ist der von Fodor & Pylyshyn (1987) kritisierte Mangel an "Generativität" der neuronalen Netzwerke. Eben hierin mag es begründet sein, daß auch die neuronalen Netzwerk – modelle bislang lediglich "tinker toy models" darstellen (Horgan & Tienson 1989,165). Der Ausgangspunkt, stärker strukturierte Netzwerke zu verwenden, kann zwar sicher die Leistungsparameter der Netze verbessern, zeigt aber ebenso keinen Fortschritt hin zur Erfassung von bestimmender Aktivität. Die Neuronalen Netzwerkmodelle führen jedoch

---

[25] Hier liegt wohl die entscheidende Differenz zum Husserlschen "Noema" – Begriff vgl. Dreyfus 1984a,b).

[26] Es können natürlich auch Regeln implementiert werden.

[27] Auf die Inadäquatheit, weil Beobachterrelativität einer solchen Erklärung von Adaptivität "korrekte Antwort auf einen Reiz" verweist bereits Ashby (1972,58).

andererseits direkt hin zu einem neuen Paradigma, welches solche Zweckbeziehungen zu erfassen erlauben wird – den Theorien der Selbstorganisation – und zwar etwa in Form der Selforganizing Semantic Maps von Kohonen oder des Synergetischen Computers von Haken (3.3.2.). Auch im Falle der Holomic Theory of Perception ist zunächst explizit ebenso keine in sich reflektierte Zweckbeziehung erfaßt: der von Pribram hervorgehobene "konstruktive Charakter" ist wiederum lediglich eine Scheinaktivität, wie entsprechend 2.5.1. zu bemerken wäre, da das System wiederum nur die Möglichkeit von durch die Umwelt bestimmten Einwirkungen festhält und selbst dies nur aktualgenetisch, da die "gespeicherten" Bilder selbst völlig fremdstrukturiert sind, das "Fine – Fiber – Network" ursprünglich offenbar eine "tabula rasa" ist und in seiner Strukturierung keine eigenen Zweckbeziehungen explizit festgehalten werden. Doch auch hier schließen sich unmittelbar die modernen wellen – und feldtheoretischen Hirnmodelle an, die explizit oder implizit die in sich reflektierte Zweckbeziehung des selbstorganisationstheoretischen Paradigmas festhalten.

3 DIE AUSGEFÜHRTE ZWECKBEZIEHUNG – DAS PHYSIKALISCHE SELBSTORGANISIERENDE SYSTEM

3.1 Der Begriff des physikalischen selbstorganisierenden Systems als ausgeführte Zweckbeziehung

Wie die Kybernetik, so etablierten sich auch die physikalischen Theorien der Selbst –
organisation aus Ansätzen verschiedener Wissenschaftsgebiete, so der Theorie der
molekularen Selbstorganisation (M.Eigen, P.Schuster, B.O.Küppers), der irreversiblen
Thermodynamik (I.Prigogine), der Laserphysik (H.Haken) und dem Koevolutionskon –
zept in der Ökologie (P.R.Ehrlich). Als Vorläufer können etwa die Arbeiten von
A.M.Turing, A.Zhabotinsky und B.Belusow betrachtet werden. Anknüpfungen an das
kybernetische Denken sind ebenfalls erkennbar (Haken 1983,1ff,366; 1988; Krohn et
al.1987).

I.Prigogine (1979; Prigogine & Stengers 1990) kommt das Verdienst zu, die ersten
Prinzipien dissipativer Strukturbildungen auf thermodynamischer Basis formuliert zu
haben. Wie kybernetische Systeme sind auch selbstorganisierende Systeme offene
Systeme, die auf Stoff –, Energie – und Informationswechsel mit der Umwelt (wie
schon E.Schrödinger (1951) betont: auf Entropieexport) angewiesen sind und somit
Nichtgleichgewichtszustände aufweisen. Während das kybernetische System aber
lediglich im linearen Fließgleichgewicht beschrieben wird, das durch ein Minimum an
Entropieproduktion ausgezeichnet ist, zeigt Prigogine, daß bei kritischen Abständen
vom thermodynamischen Gleichgewicht nichtlineare Kraft – Fluß – Beziehungen
auftreten, die zur Bildung "dissipativer Strukturen" (im Gegensatz zu konservativen
Strukturen im thermodynamischen Gleichgewicht und linearen Fließgleichgewicht)
führen, die durch Entropieflüsse stabilisiert werden.

Die zur Beschreibung dieser Zustände verwendeten Gleichungen weisen in der Regel
zwei oder mehr Lösungen auf, d.h. es existieren bei überkritischem Abstand vom
Gleichgewicht Verzweigungen (Bifurkationen), an denen sich alternative Strukturen
bilden können.

Auf dieser Grundlage führt Prigogine eine Begrifflichkeit ein, die über den Zusam –
menhang von Zeit und Komplexität die physikalische Beschreibung von Selbstorgani –
sationsprozessen ermöglicht. In der Konzeptualisierung der spezifischen Zeitlichkeit von
Selbstorganisationsprozessen sollte entsprechend das besondere Verdienst seiner

Arbeiten liegen: "Zu den interessantesten unter diesen neuen Begriffen gehören der mikroskopische Entropieoperator M und die Operatorzeit T. Wir haben es hier mit einer zweiten Zeit zu tun, einer inneren Zeit, die ganz verschieden ist von der Zeit, welche in der klassischen oder Quantenmechanik nur als Index von Trajektorien oder Wellenfunktionen vorkommt" (1988,217).

Doch ist mit dieser "zweiten Zeit" selbst noch keine innere Zweckbeziehung aufgewie – sen. Zwar betont Prigogine (1988,117), "daß an chemischen Instabilitäten eine Fern – ordnung beteiligt ist, durch die das System als ein Ganzes wirkt", doch es bleibt das Erzeugungsprinzip von Ordnung, obwohl das "Gesetz der großen Zahlen" versagt, der Zufall: "In der Irreversibilität manifestiert sich auf makroskopischem Niveau die 'Zu – fälligkeit' auf mikroskopischem Niveau" (1988,186). Die Bildung dieser Strukturen wird durch zufällige Fluktuationen am Bifurkationspunkt ausgelöst.

So bedeutend diese Erkenntnisse für das Verständnis des Verhältnisses von Gesetz und Zufall, Zeit und Komplexität, Irreversibilität und Entwicklung auch sind, so zeigen sie doch nur Möglichkeiten einer "Entwicklung" auf. Sie beantworten nicht die im Kontext biologischer Systeme wichtigen Fragen, welche Strukturen warum und wie entstehen (Heuser – Keßler 1986,75ff; vgl. Niedersen 1988).

Entsprechend der hier zugrundegelegten heuristischen Basis liegt die Stufe der Mög – lichkeit aber schon längst zurück (II,221ff), was hier interessiert, ist die Stufe der Zweckbeziehung, welche sich ebenso als Zugang zum Problem der Ganzheit erwiesen hat.

Hierzu ist ein Zugang erst über die Hinzufügung von zwei weiteren Prinzipien der Selbstorganisation möglich, die H.Haken (1981; 1983; 1988; 1989) in seiner "Synergetik" konzeptualisiert hat: Er setzt den Prinzipien der Energiedissipation, der Bifurkation und der Fluktuation diejenigen der Selektion und der Versklavung hinzu (in dieser bündigen Vereinfachung folgen wir Heuser – Keßler 1986): Am Bifurkationspunkt verstärkt auftretende Fluktuationen der Elementparameter führen zur Ausbildung einzelner "Moden" oder "Ordnungsparameter", welche die Tendenz haben, die Parameter der kooperativ gekoppelten Elemente zu "versklaven", d.h. ihrer Ordnung unterzuordnen. Auf diese Weise entsteht eine Konkurrenz verschiedener sich autokatalytisch verstär – kender "Moden", unter denen sich die unter den gegebenen Ausgangs – und Randbe – dingungen stabilsten durchsetzen und das gesamte System "versklaven". Änderungen der Randbedingungen können nun wiederum zur Versklavung des Systems durch neue Moden führen, die auf die gleiche Weise entstehen. Auf diese Weise erklärt sich die bereits von Prigogine (etwa 1988,117) betonte extreme Sensibilität des Systems gegen

Veränderungen der Randbedingungen des Systems, die in der Kritik der Anwendung dieses Systembegriffes auf biologische Phänomene eine entscheidende Rolle spielen wird (vgl.3.4.). Heuser – Keßler verweist auf die Analogie der Selbstorganisationskon – zepte mit dem Begriff der Selbstorganisation bei Kant und insbesondere dem Konzept der Selbstorganisation bzw. der "Produktivität der Natur" in Schellings Naturphilosophie. Zwar ist ihr nicht zuzustimmen, wenn sie meint, daß Kant zwar die Grenzen der Mechanik gesehen, aber nicht überwunden hätte (Heuser – Keßler 1986,44), würdigt doch gerade Hegel (III,228ff) an Kant, daß er etwa das Leben als innere Zweckmä – ßigkeit erkannt hat, doch kommt sie den hier vertretenen Intentionen sehr nahe, wenn sie (1986,45) Schelling zustimmend zitiert: Die Natur "organisiert sich selbst, ist nicht etwa ein Kunstwerk, dessen Begriff außer ihm im Verstande des Künstlers vorhanden ist. Nicht nur ihre Form allein, sondern ihr Dasein ist zweckmäßig."

Eben diese Zweckmäßigkeit sieht Heuser – Keßler (1986,85) auch im Hakenschen Selektionsprinizip, wenn sie bezüglich der Benard – Konvektion schreibt: "Die geordnete Strömung ist zweckmäßiger als die ungeordnete, da sich die Moleküle gegenseitig weniger stark in ihren Bewegungen behindern, wenn sie sich zusammen in einer Richtung auf und abbewegen". Sie verwendet den Zweckbegriff hier jedoch mehr metaphorisch, wie es auch schwer sein dürfte, die exakte logische Struktur der Zweck – beziehung bei Schelling auf die Prinzipien der Selbstorganisation zu projizieren.

Zweifellos liegt im Falle der selbstorganisierenden Struktur ein gegenüber dem kyber – netischen System neue Form des Determinationszusammenhangs vor, die Haken (& Haken – Krell 1989,56) als "zyklische Kausalität" bezeichnet.

Der Großen Logik Hegels folgend, stellt diese Form der Kausalität keine äußerliche Zweckbeziehung mehr dar, die auf der Vorgabe von Sollwerten von "oben" her und dem damit verbundenen "Herausspringen des Zweckes" basiert, sondern schließt die Rückkehr des Zweckes als reale Determination der Elemente wie die Etablierung des Zweckes durch die Elemente ein.

Was wir im Falle des Hakenschen Begriffs der "zyklischen Kausalität" finden, ist exakt die Reflexionsfigur des "ausgeführten Zweckes" bei Hegel (III,239ff) als Zweck – Mittel – Relation: Die Elementparameter als "Mittel" werden im Prozeß der Verskla – vung dem Ordnungsparameter als "Zweck" "schlechthin durchdringlich und empfänglich" und "haben keine Kraft des Widerstands mehr gegen ihn" (III,238f). Es entsteht eine zyklische Kausalität aus Bestimmung der Elementparameter durch den Ordnungs – parameter und dessen Stabilisierung durch die Elementparameter als "teleologische Tätigkeit", in der "das Ende der Anfang, die Folge der Grund, die Wirkung die Ursache

... das Werden des Gewordenen sei" (III,243). Und zwar geschieht dies im Sinne des Bifurkationsprizips nicht nur so, "daß der Zweck in dem Mittel erreicht", sondern auch so, daß "im erfüllten Zwecke das Mittel und die Vermittlung erhalten ist" (III,250). Mit der so erfolgten Erfassung einer inneren Zweckbeziehung ist auch eine Ganzheit beschrieben: Die Ordnungsparameter als Ganzes bestimmen ihre Elementparameter als Teile.

Doch läßt sich auch eine wesentliche Differenz festhalten, die zwischen beiden Ansätzen besteht: Bei Hegel ist vor der ausgeführten Zweckbeziehung immer die äußerliche Zweckbeziehung vorhanden, die in Form der Zweckbeziehung des Forschers auf das System als Modell ein wesentliches Moment bei der Aufweisung der Grenzen des Ansatzes sein wird (3.4.). Dagegen findet sich bei Haken ein Moment der "Emergenz" des Zweckes aus seinen "potentiellen" Mitteln als ebenso "potentiellen" Zwecken, die es ebenfalls wert sein wird, nochmals aufgegriffen zu werden (4.3.).

3.2 Lebewesen als selbstorganisierende Systeme

3.2.1 Molekulare Selbstorganisation und Physik von Evolutionsprozessen

M.Eigen (1971;1972; Eigen et al.1982; Küppers 1985) und seinen Mitarbeitern gelangen bahnbrechende Untersuchungen zur Physik von Evolutionsprozessen.[28] Entsprechend der von Prigogine ausgearbeiteten Prinzipien kann man als grundlegende Voraussetzungen von Evolutionsprozessen Metabolismus (zur Aufrechterhaltung der Energiedissipation), Mutabilität (als spezifische Form der Fluktuation) und Selbstreproduktivität (als positive Rückkopplung) festhalten, unter denen schon (nichtdarwinsche) Selektionsprozesse ablaufen.
Darwinsche Selektion (und somit Evolution in vertretbaren Zeiträumen) tritt auf, wenn bei gegebener Beschränkung der Metabolit oder Makromolekülkonzentration verschiedene Selektionswerte für die einzelnen Molekülpopulationen eingeführt werden, so daß sich unter Selektion der günstigsten Molekülpopulation(en) der durchschnittliche Selektionswert aller Populationen zunächst einem Maximum und von Maximum zu

---

[28] Obwohl sich Eigen vielfach auf Prigogine bezieht, sind gerade hier die Übergänge zu einem kybernetischen Systembegriff fließend (vgl. die Kritik von Prigogine & Stengers 1990,190). Somit ist es nicht erstaunlich, daß die o.g. Namen schon im vorangegangenen Kapitel erschienen sind.

Maximum letzlich einem unter gegebenen Randbedingungen optimalen Wert nähert. Eine Änderung der Randbedingungen (experimentell i.A. durch den Forscher !) verändert auch wieder die Selektionswerte der Populationen und bringt somit die "Evolution" wieder in Gang. Die wesentliche Grenze der Voraussagbarkeit liegt hier darin, daß die "Evolution" zur Veränderung des Mediums (also der Randbedingungen) führt, so daß unvorhersehbare Rückkopplungen auf die Selektionswerte auftreten.[29]

Auf die fundamentale Rolle der Randbedingungen in diesem Ansatz hat Eigen selbst explizit aufmerksam gemacht (Eigen & Winkler 1975, 119,197).

Minimalsystem für solche Selektionsprozesse ist der aus zyklisch einander reproduzie – renden RNA – Molekülen zusammengesetzte Hyperzyklus. Über die Einführung von Translation[30] und Kompartimentierungen erreicht die Evolution eine neue Stufe, ohne daß hier allerdings prinzipielle Grenzen des über den Ansatz möglichen Zugriffs entstehen würden.

Die Zweckbeziehung ist in der Unterordnung der Monomere (aber auch RNA – Moleküle) unter die sie bestimmenden Strukturen des Hyperzyklus zu erkennen.

3.2.2 Zur Vermittlung dissipativer und konservativer Strukturen in lebenden Systemen

Eben auf Grund ihrer hohen Empfindlichkeit gegenüber Randbedingungen können dissipative Strukturen alleine keine lebenden Systeme etablieren (vgl.Haken 1983,330f): "Nicht alles in dem lebenden System ist 'lebendig'" (Prigogine & Stengers 1990,164). Konservative Strukturen sind insbesondere als Träger von "Information" durch ihre hohe Stabilität und die aus der digitalen "Informationsrepräsentation" resultierende Abfrag – barkeit und Reproduzierbarkeit unentbehrlich. Weiterhin gehen gerade die späteren Arbeiten zum Hyperzyklus beiläufig von der Notwendigkeit des Einschlusses der Hyperzyklen in Kompartimente aus. Eigen & Winkler (1975,120) fassen die Wechsel – beziehungen beider Klassen von Strukturen wie folgt zusammen: "Dissipative Prozesse steuern und synchronisieren die Abfragung der in konservativen Strukturen gespei – cherten Information und garantieren ihre funktionelle Wirksamkeit". Die "genetische

---

[29] Prigogine & Stengers (1990,189) weisen hingegen in diesem Zusammenhang ganz im Sinne der Ausführungen unter 5.1.2.2. darauf hin, daß gerade in dieser Beeinflussung eine wesentliche Triebkraft der Evolution bestehen könnte.

[30] Die Proteinsynthese ist eine Eigenschaft, die von Eigen noch in den ersten Arbeiten als essentiell für das Minimalsystem angesehen wurde.

Information" existiert so in den Theorien der Selbstorganisation in zwei Formen (Ji 1988):

(1) der "Watson – Crick – Form" als lineare Sequenz der DNA und

(2) der "Prigoginian Form" als das "dynamische Netzwerk organisierter und metaboli – scher Flüsse, die durch Enzyme katalysiert sind".

Die "Prigoginian Form" wird somit von zwei Arten von Randbedingungen determiniert: einmal der Watson – Crick – Form und andererseits dem Stoff –, Energie – und Informationswechsel mit der Umwelt.

Die Vermittlung beider Formen von "Information" stellt jedoch ein bislang ungelöstes Problem dar: "Zur Zeit wissen wir nichts über die Beziehung zwischen dem Lebewesen und dem genetischen 'Text', den die Mutationen verändern" (Prigogine & Stengers 1990,174).

Anzumerken wäre noch, daß sowohl die unter 3.2.1. als auch die unter 3.2.2. beschrie – benen Prozesse der v.Weizsäckerschen (1972,506; vgl.2.1.3.) heuristischen Leitlinie "Information ist, was Information erzeugt" in der Art entsprechen, daß sie eine Mög – lichkeit zur "Objektivierung von Semantik auf der Grundlage eines dynamischen Wertkriteriums" (Küppers 1986,82) bieten.

3.2.3 Rhythmische Prozesse in lebenden Systemen

Selbstorganisierende Systeme weisen als fundamentale Eigenschaft eigene "Zeitopera – toren" auf, die eine ihnen inhärente Systemzeit bedingen. Diese Eigenrhythmik als Konsequenz der inneren Zweckbeziehung des Systems unterliegt auch in diesem Falle der Determination durch die Randbedingungen, indem dem (vom Beobachter abge – grenzten) System äußerliche Zeitgeber die inneren Rhythmen versklaven können und so eine Synchronisation zwischen System und Umgebung erzeugen.

Auch bei lebenden Systemen sind seit langem solche von außen "getaktete", aber unter Laborbedingungen auch freilaufende Rhythmen mit annualer, lunarer, circadianer und tidaler Rhythmik bekannt und in letzter Zeit auch immer mehr hochfrequentere Rhythmen[31], die sich für alle Organisationsebenen des Lebendigen nachweisen lassen. Eine direkte Verbindung zu den in den grundlegenden Arbeiten zur physikalischen Selbstorganisation untersuchten "chemischen Uhren" ergibt sich über Oszillationen von

---

[31] besonders im Circaminuten –, Sekunden – und 10 – 20 Hz – Bereich (Sinz 1980,148ff)

Metabolitkonzentrationen in Enzymsystemen, die etwa im Falle der Glykolyse nach –
einander auf zellulärem Niveau (Chance et al.1964), in zellfreien Hefeextrakten (Hess
et al.1969) sowie in isolierten Enzymsystemen (Eschrich et al.1983) nachgewiesen
werden konnten (vgl.Hess & Markus 1986; Hess & Markus 1987; Schellenberger
1989,216ff). Die vielfältigen Überlagerungen solcher Oszillationen sind als chaotische
Schwingungen über deterministische Differentialgleichungen beschreibbar und als
selbstorganisierende Prozesse faßbar (Hess & Markus 1987,159).
Inwieweit solche Oszillationen gerade für circa – und infradiane Rhythmen verant –
wortlich sein könnten, scheint unklar. Zumindest die Temperaturkompensation circa –
dianer Rhythmen sowie das Auftreten von Mutanten mit veränderten Spontanfrequen –
zen widerspricht dieser Annahme (Rensing 1986; Konopka & Benzer 1976; Feldman &
Hoyle 1976; Gilbert 1984). Beide Phänomene sind allerdings bislang nicht für ultradiane
Rhythmen nachgewiesen und es existieren eine Reihe detaillierterer Eigenschaften, die
dissipative Strukturen gerade als Zeitgeber in diesem Bereich nahelegen (Winfree 1970)
und auch schon Grundlage von Modellbildungen sind (so etwa Shymko et al.1984).
Während in kybernetischen Systemen aber solche Oszillationen entweder nur Epiphä –
nomene darstellen oder aber (wie etwa im Falle der Neurophysiologie der Atmung)
selbst komplizierten Regulationsmechanismen unterliegen, wären aus der Sicht der
Theorien der Selbstorganisation selbstorganisierende Strukturbildungen solcher Rhyth –
men selbst ein ideales Regulationsprinzip der funktionalen Ordnung des Organismus,
die sich über kybernetische Rückkopplungsbeziehungen allein nicht erklären ließe (vgl.
Gilbert 1984).
So legt etwa Sinz (1978;1980) ein Konzept der dynamischen multioszillatorischen
Funktionsordnung des Organismus vor, in welchem vielfältige Schichten dissipativer
Ordnungen untereinander koordiniert und mit äußeren Zeitgebern synchronisiert
werden.
Biorhythmen stellen so als "Life's Slow Dance to the Music of Time" (Lloyd & Edwards
1984) "lebensnotwendige Koordinatoren organismischer Ordnung" (Hansch 1988,111)
dar.

3.2.4 Morphogenese

Auch die letztlich aus der Rolle von Zeitoperatoren resultierenden räumlichen Struk –
turierungen im makroskopischen Bereich zählen zu den über die Theorien der Selbst –
organisation zugänglichen Phänomenen des Lebendigen.

Neben den schon recht lange bekannten, aber erst in letzter Zeit hinsichtlich ihrer molekularen Mechanismen aufgeklärten Gestaltbildungen bei der Aggregation einzel – liger Metamorphosestufen von Mikroorganismen (vgl.etwa Bonner 1983) sind über solche Ansätze die sogenannten "morphogenetischen Felder" oder "Vormuster" be – schrieben worden, an denen entlang sich Zellen mehrzelliger Organismen in deren Morphogenese unter ortsabhängigen Differenzierungsprozessen bewegen.

So wurden etwa die Ergebnisse der Untersuchungen von Meinhart (1974, vgl. Müller 1979; Wolpert 1978) und Gierer (1986) zur Morphogenese der Hydra explizit nach dem Hakenschen Ordnungsparameterkonzept formalisiert (vgl. Haken 1983,315f; Haken & Haken – Krell 1989,103ff).

Auch hier wird sowohl die strukturierende Funktion innerer Zweckbeziehungen (der Positionsinformation), als auch die Rolle der Randbedingungen (der genetischen Information) betont.

3.3 Nervensystem und Psyche als selbstorganisierendes System

3.3.1 Morphogenese des Nervensystems

Dem kybernetischen Systembegriff oder dem genetischen Determinismus folgend, sollte man eine hohe Spezifität der neuronalen "Verschaltungen" in der Embryogenese annehmen (wie sie etwa in der von Sperry (1963) vorgelegten "Spezifitätstheorie" gefaßt wird).

Die moderne Elektronenmikroskopie konnte diese Annahme jedoch schlagend wider – legen: Für nahezu keine der untersuchten Neurone konnte eine Zielspezifität des Wachstums nachgewiesen werden, ohne daß die Spezifität der reifen Verknüpfungen auf der Ebene von Zellpopulationen davon auch nur im mindesten beeinträchtigt wäre (Szentagothai 1985).

Die Bildung der Strukturen ist durch ein ständiges "probeweises" Verknüpfen von Ver – bindungen gekennzeichnet, die dann zum großen Teil wieder gelöst werden, ja sogar durch eine beträchtliche Überproduktion von Neuronen (Kolb 1989). Neuronale Wachstumsfaktoren legen lediglich grundlegende Wachstumsrichtungen fest, ähnliche Stoffe die chemische Differenzierung (Festlegung der Art des Transmitters) und schließlich die sogenannten Zell – Adhäsions – Moleküle die selektive Verknüpfung und Lösung der Kontakte (Szentagothai 1985; Haken & Haken – Krell 1989,138ff).

Auch hier stellen neben der genetischen Information die sensorischen Inputs die für die
selbstorganisierenden Prozesse notwendigen Randbedingungen dar (wie sich etwa durch
die Hemmbarkeit der Differenzierungsprozesse durch Aufziehen von Katzen im Dun –
keln, einseitigem Lidverschluß oder Hemmung der Aktionspotentiale durch Tetrodoxin
zeigen läßt Kalil 1989; vgl. Singer 1986).

Die gegenüber den Modellen der "expliziten Spezifikation" als selbstorganisations –
theoretische Modelle (vgl. Linsker 1990) gefaßten Theorien (so etwa v.d.Malsburg &
Cowan (1982) oder Linsker (1986a,b,c) zur Bildung orientierungsselektiver Schichten)
beziehen sich zwar kaum explizit auf die unter 3.1. gefaßten Ansätze, weisen aber als
wesentliches Moment in jedem Falle ein kooperatives Zusammenwirken der Elemente
des Netzwerkes als Moment einer inneren Zweckbeziehung im unter 3.1. formulierten
Sinne auf. Obwohl diese der "Hebbschen Regel" oder ähnlichen Zusammenhängen (vgl.
Alkon 1989) folgenden Differenzierungsprozesse der Synapsen als Grundlage der
Differenzierung des Gehirns insgesamt bis auf das molekularbiologische Niveau ver –
folgbar sind (Matthies 1989, Godet et al.1986), treten in letzter Zeit gerade im Kontext
selbstorganisationstheoretischer Ansätze mehr und mehr Zweifel an einem "rein syn –
aptischen" Modell auf (vgl.3.3.2.).

3.3.2 Allgemeine Modelle der Funktion des Nervensystems

Szentagothai (1985) hält es im Kontext der Neurowissenschaften für erwiesen, "daß die
Prinzipien der hochkomplizierten, hierarchisch – heterarchisch organisierten Systeme mit
den Begriffen und mit dem mathematischen Apparat der selbstorganisatorischen
Systeme behandelt und verstanden werden können". Während im Kontext der auch von
Szentagothai getragenen Arbeiten zur Ontogenese des Gehirns jedoch gerade die
gegenseitige Durchdringung von "hard – " und "software" evident sein sollte, resümiert
E.Jantsch (1979,225f) die Vermittlung einer als konservative Struktur gefaßten hardware
(das Neuronennetzwerk) und der durch "vielleicht mehrschichtige Selbstorganisations –
dynamik" ausgezeichneten software als Organisationsprinzip. So ist auch in seiner
Fassung die Selbstorganisation des Gehirns streng randbedingungsabhängig: "Das
Gehirn ist ein Kommunikationsmechanismus, der von der Selbstorganisation der
Information benützt und gesteuert wird".
Beide Grundsätze finden sich in den beiden selbstorganisationstheoretischen Ansätzen

des Nervensystems, die einerseits von neuronalen Netzwerkmodellen, andererseits von feld – und wellentheoretischen Ansätzen ausgehen.

Zu den neuronalen Netzwerkmodellen zählt etwa der Ansatz zu den selbstorganisie – renden "Topological Feature Maps" von T.Kohonen (1982a;b;1984; Ritter & Kohonen 1989). Hier wird die Struktur des Netzwerkes dadurch gebildet, daß in einem System merkmalsempfindlicher Zellen diese Zellen um die beste Entsprechung ihrer internen Parameter gegenüber einem input – Signal konkurrieren und die "beste" Zelle sich und ihre topologischen Nachbarn auf den Input abstimmt (die letzteren sozusagen "ver – sklavt"). Der "Merkmalsraum" des Inputs wird auf diese Weise so auf das Netzwerk projiziert, daß nach Vollzug des Lernens jeder input eine lokalisierte Antwort hervor – ruft, die die wichtigsten "Merkmalskoordinaten" des Input und die Beziehungen der Daten untereinander reflektiert. Der Lernprozeß erfolgt so nach den internen Kriterien (Zweckbeziehungen) des Systems und benötigt entsprechend keine äußeren Vorgaben der "richtigen" Antwort, wie im Modell von Rumelhart et al.

Kohonen verweist ebenso darauf, daß eben durch dieses kooperative (synergetische, internen Zweckbeziehungen folgende) Zusammenwirken das topologische Ordnungs – prinzip des Gehirns (gegenüber der Zufallsverteilung der Repräsentationen bei Ru – melhart et al.) simuliert wird.

Entsprechend wird mit dem Modell auch der Aufbau kategorialer Repräsentationen linguistischer Daten möglich, der im Wesentlichen die Kritikpunkte von Fodor & Pylyshyn (1987) gegen den Neokonnektionismus überwindet. Im Gegensatz zum ko – gnitiven Paradigma ist nun allerdings die regelgeleitete Syntax keineswegs mehr als Tiefenstruktur der Kognition zu verstehen, sondern ganz im Sinne der "holistischen Kritik" (2.3.5.) als ein Moment ihrer Oberfläche.

Auch H.Hakens Ansatz des "synergetischen Computers" beruht auf einer solchen durch Interaktion der einzelnen Elemente hervorgerufenen räumlichen Ordnung, die nun auch die großen Probleme der AI, wie die Erfassung von Mustern (z.B. Gesichtern) in einer gegen Verschiebung, Drehung und Scaling invarianten Form ermöglicht (Ditzinger & Haken 1989; Haken et al. 1989).

Ein gegenüber den Netzwerkmodellen methodisch direkter Zugriff auf das For – schungsobjekt findet sich in der Untersuchung der elektrischen Aktivität der Hirnrinde, des EEG. Im Kontext der Synergetik wird die dem EEG zugrundeliegende, über den Durchschnitt eines mehr oder weniger großen Hirnabschnitts gemessene elektrische Aktivität als Manifestation eines unterliegenden dynamischen Systems aufgefaßt (Ba –

bloyantz 1985).

Der Unterschied zu den Neuronalen Netzwerkmodellen liegt jedoch nicht nur im empirischen Zugriff auf das Problem. Über die Resultate von EEG – Messungen ergeben sich wiederum zunächst quantitative Inkonsistenzen, wenn ein Netzwerkmodell unterlegt wird: die transneurale "Kommunikation" vollzieht sich über das Gehirn weit schneller als dies über Aktionspotentiale möglich wäre (Leinfellner 1988). Überhaupt scheint die Auffassung eines "kaskadenhaften forward flow" des sensorischen Inputs falsch zu sein (Freeman 1988). Entsprechend wird in der auf elektrophysiologischer Forschung beruhenden Theorienbildung mehr und mehr vom Netzwerkmodell abge – gangen und das Gehirn als ein "komplexes elektromagnetisches Feld" gefaßt (Leinfell – ner 1988), in dem die "Kommunikation" von Milliarden Nervenzellen über dissipative Strukturbildungen erfolgt (Basar 1988b).

Die Dynamismen dieser Strukturbildungen ähneln wiederum denen der Neuronalen Netzwerkmodelle: Durch sensorische Inputs wird eine bestimmte Zahl von Zellen jeweils in ein bestimmtes Muster von Oszillationen versetzt, welche sobald sie ein kritisches Niveau erreichen, eine Zustandsänderung bewirken, die eine Kopplung dieser Oszillationen über ein elektrisches Feld mit charakteristischem Zeitmuster bewirken (John 1988). So läßt sich das Gedächtnis also durchaus als eine solche Speicherung von Mustern beschreiben, die durch Resonanz reaktivierbar sind (vgl.Pribrams Modell unter 2.4.1.2.), während Denkleistungen durch Überlagerung verschiedener Muster zu einem neuen Feld verständlich werden.

Diese Annahme führt wie auch im Falle der Neuronalen Netzwerkmodelle zu einem "protosemantischen Modell", in dem sich Sprache als Oberflächenstruktur einer solchen Dynamik darstellen läßt, so daß etwa gleichlautende Worte verschiedener Bedeutung (z.B. "rose" und "rows") unterschiedlichen, verschiedenlautende Worte gleicher Bedeu – tung (z.B. "Körper" und "ausgedehntes Objekt") hingegen gleichen Hirnwellenmustern entsprechen müßten (Leinfellner 1988).

Was in einem solchen Modell zu verschwinden droht, ist die in der bisherigen Theo – rienbildung fundamentale Funktion der Synapsen (Freeman 1988).

So versteht etwa Sinz (1980,144f) sein chronobiologisch orientiertes Modell als explizite Alternative neben der "synaptisch – konnektivistischen Speicherhypothese": Lernen und Speichern erfolgen nach dieser Hypothese durch die "Mitnahme" oder "Selektion" endogener Rhythmen durch äußere Zeitgeber, die sich vom Niveau einzelner Nerven – zellen bis hin zum EEG nachweisen lassen. Auch in diesem Falle wäre Erinnerung als die resonanzähnliche Reaktivierung entsprechender Engramme durch die raumzeitli –

chen Muster der Eingangsinformation (also wieder streng randbedingungsabhängig) zu erkären.

Im Vergleich beider Zugänge kann man eine Analogie zur modernen Physik in der Art feststellen, daß die auf Funktionen der Synapsen beruhenden Netzwerkmodelle den Partikelmodellen, die feldtheoretischen Modelle den Wellenmodellen entsprechen (Basar 1988a; John 1988).

Neben dieser theoretischen Problematik verdient es der Erwähnung, daß das Problem der "komplexen Dynamik" elektrophysiologischer Phänomene auch in der klinisch orientierten Neurologie bereits relativ breit reflektiert wird (einen Überblick bieten Milton et al. 1989).

3.3.3 Wahrnehmung

Die "Gestalt" im Prozeß der Wahrnehmung als Gegenstand der Gestalttheorie wurde bereits erwähnt. Ihre Nichterfassung stellt einen wesentlichen Kritikpunkt des kogniti-ven Paradigmas (vgl.2.3.5.), wie auch des Konnektionismus dar (Leinfellner 1988). Mit dem Algorithmus des "synergetischen Computers" von Haken kann bereits das von der Gestaltpsychologie eingehend untersuchte Phänomen der "Kippfiguren" unter Ver-bindung verschiedener Ordnungsparameter mit "Aufmerksamkeitsparametern" ma-thematisch beschrieben werden (Ditzinger & Haken 1989).

Darüber hinaus gibt es einige Analogien zwischen dissipativen Strukturen und "Gestal-ten", die es erlauben, die ersteren als "materielles" Korrelat der letzteren zu betrachten (Hansch 1988,117), wie es bereits von Eigen & Winkler (1983,116f) angedeutet wurde: Die Interdependenz der Teile (einschließlich Fernwirkungen), hierarchische Raum-Zeit-Strukturen, Tendenz zu relativer Vereinfachung, Regelmäßigkeit und Symmetrie, sowie insbesondere die synerg-kooperativen Beziehungen zu einem übergeordneten Ganzen (dem Ordnungsparameter) sind wesentliche Eigenschaften, die beide gemein-sam haben (Hansch 1988,117; vgl. die "Wirklichkeitskriterien" bei Stadler & Kruse 1986)

3.3.4 Motorik

Gestalten treten nicht nur in der Wahrnehmung, sondern ebenso in motorischen Bewegungsabläufen auf.[32] Gerade hier zeigen die Konzepte motorischer Programme in der kybernetischen Sichtweise ihre wesentlichsten Inkonsistenzen.

Andererseits belegen schon etwa die Arbeiten von v.Holst, daß in Bewegungskoordinationen wesentlich selbstorganisierende Prozesse auftreten. Zu den beeindruckensten Argumenten gegen die Determination durch streng genetisch festgelegte Programme zählen wohl v.Holsts Experimente an dem Hundertfüßler Lithobius, von dessen sich wellenförmig von Glied zu Glied fortsetzender Beinbewegung man angesichts des relativ geringen Entwicklungsniveaus des Tieres eine genetische Programmierung annehmen sollte: Bei Amputationen von Beinen vergrößert sich entgegen dieser Auffassung jedoch der Phasenabstand bis er mit nur noch 3 Beinpaaren exakt die Bewegung eines Insekts und mit 2 Beinpaaren den Kreuzgang eines (vierbeinigen) Wirbeltieres aufweist, wobei in gewissen Grenzen der Abstand der Beine unerheblich ist (Haken & Haken – Krell 1989,173; Hansch 1988,115f). Auch bei Wirbeltieren zeigten v.Holsts Untersuchungen eine perfekte Koordination der Bewegungen verschiedener Körperteile, so die "relativen Koordinationen" als über Magnet – oder Superpositions – effekte vermittelte Tendenz verschiedener Bewegungen, einander in festen Phasenbe – ziehungen festzuhalten oder die "absoluten Koordinationen", in denen feste Taktbezie – hungen zwischen einzelnen Bewegungen festliegen, die in verschiedenen Gangarten über relative Kordinationen wechseln können. Als Grundlage dieser Koordinationen ist dabei zweifelsfrei die Spontanaktivität des Nervensystems nachweisbar (Lorenz 1978, 108ff; Hansch 1988,36ff).

Die jeweils vorhandene Integration von synergetisch wirkenden Teilelementen zu einer auf diese Weise über eine innere Zweckbeziehung vermittelten Ganzheit verweist wiederum auf Selbstorganisationsprozesse als deren Grundlage.

Veränderungen in den Gangarten von Tieren können so etwa als Phasenübergänge zwischen verschiedenen selbstorganisierenden Strukturen interpretiert werden. Selbst das Sprechen könnte als Sequenz von Vokalen und Konsonanten verstanden werden, von denen jeder bezüglich der unzähligen Freiheitsgrade der beteiligten Muskeln von wenigen Ordnungsparametern gebildet wird (Haken 1985; Kelso & Scholz 1985). Auf

---

[32] Man vergleiche hier schon die Arbeiten der weniger bekannten "Leipziger Schule" der Gestaltpsychologie.

Grundlage des Ordnungsparameterkonzeptes formalisiert wurden bisher Phasenüber –
gänge zwischen absoluten Koordinationen menschlicher Fingerbewegungen (Kelso &
Scholz 1985).

Die Differenz zu dissipativen Strukturen auf präbiotischem Niveau besteht wiederum in
der engen Wechselwirkung mit konservativen Strukturen, hier etwa mit phylogenetisch
herausgebildeten Basisstrukturen oder Gedächtnisstrukturen. Die Entwicklung neuer
Strukturen ist auch hier wieder über die Destabilisierung des Autoregulationsvermögens
bei nicht lösbaren Anforderungen, kritische Fluktuationen und inneren Zweckbezie –
hungen folgenden spontanen Strukturbildungen denkbar (Hansch 1988,123; vgl. aber
auch schon Simonows (1982) Begriff der "psychischen Mutagenese" oder etwa M.Hei –
senbergs (1983) Experimente zur Rolle von Fluktuationen in der Bewegungsaktivität
von Drosophila).

3.3.5 Denken

Denkprozesse wurden wohl bislang nur in ihrer Analogie zu Selbstorganisationsprozes –
sen erfaßt (Eigen & Winkler 1975, 120; Haken 1981,194ff; Krause 1989).
So beschreibt etwa H.Haken (1981,195) den ebenfalls spätestens seit den Arbeiten der
Gestaltpsychologie bekannten "Aha – Effekt": "In unserem Gehirn findet eine Art
Phasenübergang [...] statt, vieles vorher Unzusammenhängende erscheint plötzlich als
etwas sinnvoll geordnetes, das quälende Nachdenken macht plötzlich einer befreienden
Gewißheit Platz. Lange schon hat die neue Erkenntnis in uns geschlummert, plötzlich
kommt sie aber wie eine Erleuchtung über uns [...] Durch eine Fluktuation ("Die
Erleuchtung") entsteht ein neuer Ordner (also die neue Idee), dem es dann gelingt, sich
die einzelnen Aspekte unterzuordnen und zu korrelieren, zu versklaven. Dies alles
geschieht aber wieder völlig selbst organisiert auch unsere Gedanken organisieren sich
selbst zu neuen Einsichten, zu neuen Erkenntnissen".
Im Kontext des vorangegangenen Abschnitts stellt sich die Frage, wie Sprache und
Denken (oder die intellektuelle Ebene der Handlungsregulation nach Hacker (1986))
auf die Sensomotorik (die sensomotorische Ebene der Handlungsregulation) einwirken
könnten. Hansch (1988,122f) verweist hier wiederum auf die von W.Köhler konzipierte
Setzung von "Schranken" als Einführung von Randbedingungen, die die Selbstorganisa –
tion des Systems determinieren.

3.3.6 Motivation und Emotion

Zwei Ansätze zur Behandlung von Motivation und Emotion in Analogie zu selbst –
organisationstheoretischen Ansätzen sind die "chronobiologische Hypothese der psy –
chophysiologischen Regulation von Emotion und Sinnbildung" von Jantzen (1985, 1987,
1990) und die "psychosynergetische Theorie emotionaler und motivationaler Prozesse"
von Hansch (1988 a;b).

Ausgehend von Leontjews (1975,170f,180ff,210f;1987,144ff) Begriff des (biologischen,
menschlichen, persönlichen) Sinnes schließt Jantzen im Wesentlichen an den Ansatz
von Sinz (vgl.3.3.2.) an: Biorhythmisch organisierte Prozesse als innere Schrittmacher
setzen rhythmische oder aperiodische Ereignisse der äußeren Welt in Makrozeit in
Bezug zu biologischen Abläufen in Mikrozeit und spiegeln so die "Adäquatheit der
Tätigkeit für das Subjekt wider" (Jantzen 1987,293f).
"Der biologische Sinn erweist sich somit als die psychische Instanz, die bei großen
Freiheitsgraden in der Anpassung an je unterschiedliche Umweltbedingungen das
subjektive Verhältnis zu anderen Individuen der Gattung und zur gattungsnötigen
Nahrung über seine Entäußerung in den Emotionen realisiert" (ebd.295).
Solche "Sinnbildungsprozesse" als "Selbstwahrnehmung eines optimalen Zustands" sind
erforderlich, um das System vor dauernder Energieentwertung auf der Suche nach dem
optimalen Aktivitätszustand zu sichern und müssen so auf allen Ebenen organismischer
Organisation vorhanden sein. Ihr höchstes Niveau erreichen sie jedoch innerhalb der
kortikal – subkortikalen Regulationszusammenhänge (zwischen Großhirnrinde und
limbischem System). Hier wird die "Erregungs – Hemmungs – Balance" des Großhirns
über ein System innerer Schrittmacher reguliert, die entsprechend der interorezeptiven
Stimulation durch körperliche Prozesse Bedarf signalisieren und so die Bedürfnis –
orientierung der Tätigkeit sichern sowie bei zu großer Vertrautheit "feuern" und bei
Neuigkeit habituieren und so im Wechselspiel mit "Neuigkeitsdetektoren" die aktive
Orientierung des Organismus sichern.
Die Regelung dieser Prozesse untereinander erfolgt über die globalen Biorhytmen des
Gehirns, so daß "durch eine situationsadäquate Stabilisierung der Eigenrythmen" eine
Harmonisierung innerer und äußerer Prozesse erfolgt, allerdings "immer nur indirekt,
da auf höchsten Niveaus immer die Gesamtheit der Tätigkeit im Verhältnis zur Ge –
samtheit der Bedürfnisse ihre Bewertung erfährt. Nur im Gelingen der Tätigkeit selbst
löst sich die durch das Bedürfnis oder die negative Emotion induzierte Gespanntheit,

Aktivität auf" (Jantzen 1987,309).

Auf menschlicher Ebene wird dabei das "Bedürfnis nach Bindung an andere Menschen, also nach 'Spiegelung in der Gattung', der zentrale Ausdruck sinngebender Prozesse" (ebd. 312).

Während sich Jantzens Ansatz eher auf die Makrostruktur der neuronalen Verhaltens – regulation bezieht, verfolgt Hansch vorwiegend das Problem von Motivation und Emotion im Kontext einzelner Handlungen.

Er knüpft dabei an die Gestaltpsychologie einerseits und Lorenz' Gedanken zur Funk – tionslust andererseits in Verbindung mit den bislang referierten Ansätzen (3.3.) an.

Hansch beschränkt sich weiterhin (m.E. inkonsequenterweise) auf "intrinsisch moti – vierte", spezifisch – menschliche, kreative Handlungen,die er unter einer auf dyna – misch – prozeßbezogenen Wertungen beruhenden "sekundären Antriebsstruktur" subsumiert und gegen die "primäre Antriebsstruktur" abhebt, die auf der statisch – resultativen Bewertung eines Ist – gegen einen gegebenen Soll – Zustand (also dem kybernetischen Systembegriff entsprechend) basiert.[33] Die Bewertungs – (Funktionali – täts –)kriterien, die zu einer positiven emotionalen Bewertung (und somit intrinsischen Motivation) von Handlungen führen, entsprechen wiederum den in der Gestaltpsycho – logie festgehaltenen Kriterien einer "guten" Gestalt, die sich in den über die Tätigkeit vermittelten Selbstorganisationsprozessen ergeben:

"a) hohe Dynamik, flüssiger pausenloser Ablauf;

b) hohe Systemhaftigkeit, überlokale Varianz und Interdependenz der Subsysteme und Elemente;

c) hohe Komplexität, starke hierarchische Strukturiertheit als Simultan – wie auch als Sukzessivstruktur bei gleichzeitiger geringer Komplikation;

d) hoher Anteil synerg – kooperativer Relationen zu einem übergeordneten, sie be – stimmenden Ganzen;

e) dynamischer Gleichgewichtszustand von hoher Stabilität mit konstanten, präzise re – produzierbaren Parametern und die daraus resultierende Transponierbarkeit auf veränderte Bedingungen" (Hansch 1988b,427f).

Die im Gegensatz zu den primären Emotionen dynamisch – prozeßbezogene Bewertung erfolgt dabei über ein "funktionalitätsbewertendes System", welches diese Bewertung in den "abstrakt – emotionalen Code" als sekundäres Stimmigkeits – oder Unstimmig –

---

[33] Hansch verwendet also eine ähnliche Unterscheidung wie die von U.Holzkamp – Osterkamp (1981) vorgenommene zwischen produktiven und sinnlich – vitalen Bedürfnissen.

keitsempfinden übersetzt und somit die Erfassung eines weit umfangreicheren Bereichs der Handlungsstruktur ermöglicht als der "konkret – kognitive Code".

Solche theoretischen Überlegungen können über Korrelationen zwischen minutenrhyt – mischem Kopplungsgrad und positivem/negativem emotionalem Erleben beim Hören von Musik (Mozart vs. Penderecki) experimentell belegt werden (Sinz 1980,329ff).

In beiden Konzepten zeigt sich im Gegensatz zu den (ausschließlich) dem kyberneti – schen Systembegriff folgenden Ansätzen, daß auch bezüglich der emotional – motiva – tionalen Dynamik der "Zweck" des Verhaltens nicht in der Befriedigung einer äußerlich den Handlungen entgegengesetzten Trieb – oder Wertinstanz liegt, aber auch nicht auf ein abstraktes energetisches Moment der kognitiven Systemhierarchie beschränkt werden kann: Emotion und Motivation "bewerten" (Hansch) die inneren Zweckbezie – hungen des Verhaltens bzw. entsprechen ihnen (Jantzen), so daß sie als Moment des Verhaltens selbst bestimmend auf das Verhalten einwirken.

Zum Abschluß des kurzen Überblicks über mögliche Anwendungen in Biologie, Neurowissenschaften und Psychologie, die über den selbstorganisationstheoretischen Systembegriff auf Grund der möglichen Modellierung der in sich reflektierten Zweck – beziehung möglich werden, bleibt darauf zu verweisen, daß über periodische Attrakto – ren beschreibbare Selbstorganisationsprozesse, wie sie in dieser Darstellung dominieren, keineswegs als typisch für die Modellierung von Lebensprozessen angesehen werden müssen. Die neueren Forschungen zu "fraktalen" oder "seltsamen" Attraktoren und das mit ihnen verbundene "chaotische" Systemverhalten (etwa Prigogine & Stengers 1990, 295ff) werden mit der notwendigen zeitlichen Verzögerung auch in zunehmendem Maße in Biologie (Goldberger et al. 1990) und Neurowissenschaften (Milton et al. 1989, Vandervert 1990) rezipiert.[34]

Da sich aber die Darstellung des Zusammenhangs zwischen der in sich reflektierten Zweckbeziehung und selbstorganisationstheoretischem Systembegriff auf die allgemeine Genese des Attraktors und nicht auf dessen formale Besonderheiten bezogen hat, sollten solche Entwicklungen dem hier verfolgten Ansatz nicht widersprechen.

---

[34] Sie zeigen sogar, daß "periodisches Verhalten", wie es in vielen hier erwähnten Ansätzen noch als Inbegriff der Selbstorganisation des Lebendigen gilt, oftmals geradezu Symptom pathogener Veränderungen sein kann.

3.4 Kritik der Anwendung des Begriffs des physikalischen selbstorganisierenden Sy–stems in seiner Anwendung auf das lebende Individuum und seine Reformulierung als Zweck – Mittel – Dialektik

3.4.1 Reformulierung als Zweck – Mittel – Dialektik

Das Erkenntnissubjekt bezieht sich über das selbstorganisierende System als Modell im Rahmen der dem jeweiligen konkreten Erkenntnisgegenstand angemessenen (experi–mentellen) Methode als Mittel auf das Erkenntnisobjekt, das lebende oder kognitive System.

Als Fortschritt gegen den kybernetischen Systembegriff wurde gezeigt, daß die physi–kalischen Theorien der Selbstorganisation nicht bei der äußerlichen Zweckbeziehung (bzw. durch die Abstraktion von dieser beim Mechanismus, Chemismus, "Elektronis–mus") stehen bleiben, sondern die innere Zweckbeziehung im modellierten System beschreiben.

Die nun bei Hegel vor jeder ausgeführten Zweckbeziehung vorhandene äußerliche Zweckbeziehung, die sich als Differenz zum Hakenschen Ansatz erwiesen hat (3.1.) ist eben jenes Setzen des Systems als Modell durch das Forschungssubjekt unter Vorgabe von durch das Forschungssubjekt theoretisch oder experimentell bestimmten Randbe–dingungen. Die innere Zweckbeziehung des selbstorganisierenden Systems ist aus der Hegelschen Sicht also nichts anderes als die in sich reflektierte Zweckbeziehung des Forschungssubjekts auf das System.

Im theoretischen Zugriff erscheint dieser Zugang als Berechnung von Alternativen selbstorganisierender Strukturen unter gegebenen Ausgangs – und Randbedingungen, eben als jene "merkwürdige Idee der Vorhersage des Unvorhersagbaren" (Prigogine & Stengers 1990, 302). Im experimentellen Zugriff erscheinen diese Alternativen als begrenzte Beherrschung der experimentellen Situation: Das Erkenntnissubjekt vermag lediglich über die Festlegung der Rand – und Ausgangsbedingungen in das Geschehen einzugreifen, bestimmt das System darüber hinaus lediglich in seiner Unbestimmtheit. Entsprechend besteht die entscheidende Schwierigkeit im experimentellen Zugriff in der rückkoppelnden Veränderung der Ausgangs – und Randbedingungen durch das System, die den letzten Rest positiver Vorhersage zunichtezumachen droht (vgl.3.2.1.). Demzufolge ist ein häufig verwendeter Zugriff, alle nicht konstant zu haltenden Rand–bedingungen als Teil des Systems zu fassen (Haken 1983,211).

In den physikalischen Theorien der Selbstorganisation erscheinen nun diese Randbe –
dingungen lediglich in abstrakt – allgemeiner Form, d.h. es werden lediglich die Rand –
bedingungen festgehalten, die selbstorganisierende Systeme gemeinsam haben, gleich –
gültig dagegen, ob es sich um physikalisch – chemische, biologische, psychologische,
soziale etc. Systeme handelt. Die Konkretisierung dieses abstrakten Allgemeinen erfolgt
im methodischen Zugriff, indem durch die Spezifik des jeweiligen empirischen Her –
angehens, der Weise der praktischen Aneignung des Objekts für die jeweiligen Objekte
spezifische Randbedingungen geschaffen werden.

Durch die einleitend bemerkte Abstraktion von dieser äußeren Zweckbeziehung des
Forschers auf sein Objekt, die eben in der Bestimmung der Randbedingungen besteht,
wird in der Theorie der Selbstorganisation diese methodische Konkretion ausgeschlos –
sen. Es werden lediglich die spezifischen Randbedingungen angegeben und die Kon –
kretion so formal vollzogen (etwa im Festhalten der DNA/der Watson – Crick – Form
der Information als Randbedingung für die Selbstorganisation der Prigoginian Form, der
äußeren Zeitgeber als Randbedingung für die inneren, der genetischen Information als
Randbedingung für die Positionsinformation der Morphogenese, der Gedächtnisstruk –
turen/neuronalen Netzwerke als Randbedingung für psychische/neuronale Selbst –
organisationsprozesse etc.). Es wird hingegen nicht gezeigt, wie diese Konkretion real
erfolgt, d.h. welche neuen Formen der Wechselwirkung zwischen Randbedingungen und
System auf anderen Stufen der Entwicklung auftauchen.

Eben hier liegt die Ursache der von Heuser – Keßler (1986,94ff) monierten "Ordnung
ohne universellen Fortschritt". Im Entwicklungszusammenhang selbstorganisierender
Systeme wird die gegenüber kybernetischen Systemen wesentliche Rolle der inneren
Zweckbeziehung wieder zum unwesentlichen Moment, welches innerhalb des Determi –
nationszusammenhangs der zu spezifizierenden Randbedingungen nur zufällig – unwe –
sentliche Alternativen festlegt, während die Frage nach dem "universellen Fortschritt"
die Frage nach der realen Konkretisierung der Randbedingungen wird.

Sollen nun Möglichkeiten und Grenzen der Anwendung des Begriffs des selbstorgani –
sierenden Systems auf biologische, neurowissenschaftliche und psychologische Sach –
verhalte festgestellt werden, ist nach der neuen Qualität des Verhältnisses des Systems
zu seinen Randbedingungen zu fragen.

3.4.2 Randbedingungen und Lebensprozeß

Zweifellos stellen die Theorien der Selbstorganisation einen wichtigen Beitrag zum Verständnis bestimmter Momente lebender Systeme dar. Sie reichen jedoch nicht aus, um das lebende Individuum als Ganzes zu verstehen. Diese von den meisten Vertretern dieser Theorien zugegebene und zumeist, wie in den jeweiligen Abschnitten angedeutet, über die Vermittlung von dissipativen und konservativen Strukturen konstatierte Grenze gilt es nun philosophisch zu begründen.

Zunächst scheinen die Theorien der Selbstorganisation durchaus Hegels Fassung des "Organismus" zu entsprechen als "Trieb jedes einzelnen spezifischen Moments, sich zu produzieren und ebenso seine Besonderheit zur Allgemeinheit zu erheben, die anderen ihm äußerlichen aufzuheben, sich auf ihre Kosten hervorzubringen, aber ebensosehr sich selbst aufzuheben und sich zum Mittel für die anderen zu machen" (III,269) – man fasse etwa als "Momente" die sich gegenseitig stabilisierenden Moden eines hochstruk turierten selbstorganisierenden Systems.

Was die Theorien der Selbstorganisation jedoch nicht erfassen, ist der Lebensprozeß des Organismus, in dem "seine Entstehung, die ein Voraussetzen war, nun seine Pro duktion wird" (III,278): Selbstorganisierende Systeme setzen Ausgangs – und Randbe dingungen voraus, die eben nicht (auch nicht nach einem bestimmten Zeitraum) durch das System produziert (angeeignet) werden, sondern nichts anderes als die unter 3.4.1. thematisierte Setzung des Forschungssubjektes sind. Das Erkenntnissubjekt kann also mittels des Modells des selbstorganisierenden Systems den für das lebende Individuum wesentlichen Lebensprozeß nicht beschreiben, sondern nur sein reproduktives Moment (vgl.4.1.). Es wäre hierzu zu zeigen, wie das System seine Rand – und Ausgangsbedin gungen im Lebensprozeß als "Objekt so aneignet, daß es ihm die eigentümliche Be schaffenheit nimmt, es zu seinem Mittel macht und seine Subjektivität ihm zur Substanz gibt" (III,276).

Erst so entspräche das System der Hegelschen (III,251) Forderung "als konkrete Totalität identisch mit der unmittelbaren Objektivität zu sein".

Indem das System also seine Ausgangs – und Randbedingungen nicht produziert, aneignet, in sich aufhebt und so seine Voraussetzung nicht durch die eigene Setzung "einholt", ist es der Beschreibung des lebenden Individuums als Subjekt nicht angemes sen, sinkt es wieder zum ausgeführten Zweck zusammen.

Subjekt ist auch hier wieder nur der Forscher, dem das System als Mittel zur prakti schen und theoretischen Aneignung bestimmter, aber letztlich unwesentlicher Aspekte des lebenden oder kognitiven Systems dient. Innerhalb dieser Beziehung eröffnet sich allerdings schon hier ein interessanter Widerspruch: Genau dann, wenn eine Modifika – tion der Randbedingungen durch das selbstorganisierende System auftritt, ein Schritt also hin zu einer Bestimmung der Randbedingungen durch das System (die sogar durch Selektionseffekte zweckmäßig werden kann), gelangt der experimentelle wie theore – tische Zugriff an seine Grenzen (vgl.3. 2.1.).

Gerade die Randbedingungen, die im theoretischen und experimentellen Zugriff festgehalten werden müssen, um überhaupt etwas über das System aussagen zu können, müssen ihrerseits in ihrer Setzung durch das System beschrieben werden, um es als Subjekt beschreiben zu können.

3.4.3 Selbstherstellung und Selbsterhaltung

Eben die im letzten Abschnitt gefaßte Differenz von ausgeführter Zweckbeziehung und Lebensprozeß hält Roth (1986a;b) in seiner Unterscheidung von Selbstherstellung und Selbsterhaltung fest.

Selbstherstellende Systeme sind selbstorganisierende Systeme im Sinne dieses Kapitels. Sie sind durch Verhältnisse der Komponenten K1,K2,...in der Art bestimmt, daß

"(1) alle Komponenten nach dem Zeitpunkt t entstehen;

(2) K1,K2,... die einzigen Komponenten sind, aus denen das System nach t besteht;

(3) jede der Anfangsbedingungen von K1,K2,...zumindest teilweise durch konstitutive Komponenten des Systems erzeugt ist".

Demgegenüber liegt Selbsterhaltung als (wie sich zeigen wird partielle) Fassung des Lebensprozesses unter folgenden Bedingungen vor:

"(1) das System bildet zu jeder Zeit ein räumlich zusammenhängendes Gebilde (Ein – heit);

 (2) das System bildet einen freien, vom System erzeugten Rand, der nicht unabhängig vom System existiert (autonomer Rand);

 (3) das System existiert in einer Umwelt, aus der es Energie und/oder Materie auf – nimmt (energetische und materielle Offenheit);

 (4) jede der konstitutiven Komponenten existiert nur für eine endliche Zeit (Dyna – mizität);

 (5) alle konstitutiven Komponenten partizipieren zu jeder Zeit an den Anfangsbedin – gungen der Komponenten, die zu einer späteren Zeit existieren, so daß das System sich dauernd erhält (Selbstreferentialität)".

Mit Hegel (1987,190f) wäre im glücklichen Zusammenfallen von Terminus und Begriff hinzuzusetzen: "Das Organische bringt nicht etwas hervor, sondern erhält sich nur, oder das, was hervorgebracht wird, ist ebenso schon vorhanden, als es hervorgebracht wird". Konkretisierend läßt sich also festhalten, daß der Begriff des physikalischen selbst – organisierenden Systems deshalb lebende Systeme nicht angemessen beschreibt, weil diese Systeme den Verbrauch ihrer Komponenten nicht überleben und einen erzwun – genen statt einen autonomen Rand besitzen, der keinen aktiven Stoff – und Energie – austausch gewährleistet; in Hegelscher Terminologie kann also nicht gezeigt werden, wie neue Komponenten (Stoffe, Energie) angeeignet werden.

3.4.4 Dissipative Strukturen als Komponente

Diese zumeist zugestandene Grenze des Ansatzes in der Erfassung lebender Systeme als Ganzer hat jedoch auch für die Fassung dissipativer Strukturen als Komponente leben – der Systeme wesentliche Konsequenzen.
So fährt Haken (1983,331) nach dem Verweis auf die Beteiligung konservativer Struk – turen (vgl.3.2.2.) fort : "Ferner dienen biologische Systeme gewissen Zwecken oder Aufgaben und es wird angemessener sein, sie als funktionale Strukturen zu betrachten. Dies verweist auch auf eine Möglichkeit zur Erklärung, wie biologische Systeme chao – tische Zustände vermeiden können. Dynamische Systeme führen nämlich in sehr vielen Fällen schließlich auf chaotische, d.h. völlig irreguläre Bewegungen [...] Es liegt die Vermutung nahe, daß biologische Systeme diese Erscheinungen dadurch vermeiden, daß immer wieder auch statische Strukturen – von den Biomolekülen bis hin etwa zum Knochengerüst – verwendet werden. So ergibt sich die Möglichkeit einer ständigen Wechselbeziehung von Struktur und Funktion, die die Ordnung in biologischen Syste – men stabilisieren kann".
Doch läßt sich hier noch weitergehen: Nicht nur "chaotisches" Verhalten der Kom – ponenten eines lebenden Systems wird unterbunden, sondern in den meisten Fällen jede Art von Reduktion der Voraussagbarkeit oder "ateleonomer" Selbstorganisation: Lebende Systeme bestimmen nicht nur ihren eigenen Rand, sondern greifen über die Randbedingungen ihrer selbstorganisierenden Subsysteme regulierend in deren Selbst – organisationsprozesse ein.
In dieser Art reinterpretierbar sind etwa die Determination zellulärer Selbstorganisa – tionsprozesse durch ein über den autonomen Rand aufrechterhaltenes inneres Milieu, die Temperaturkompensation von Biorhythmen, die Einführung von "Schranken" der

sensomotorischen Selbstorganisationsprozesse durch die intellektuelle Handlungsregu –
lation, das "Abpuffern" von "Phasenübergängen" absoluter motorischer Koordinationen
durch vorübergehende relative, Kompartimentierungseffekte in der Morphogenese etc.
Diese Unterordnung der Freiheitsgrade der Selbstorganisationsdynamik unter die
Selbstregulation des Systems über die Bestimmung seiner Randbedingungen führt somit
über weite Entwicklungsphasen des Systems zu einem "auf höherer Ebene" quasi –
deterministischen Verhalten.[35] Dieser Determinismus, der die Wirkungen der Fluk –
tuationen bzw. Bifurkationen praktisch in sich aufgehoben hat, rechtfertigt in gewisser
Hinsicht die im nächsten Abschnitt wieder auftretende Maschinenmetapher. Schon hier
sei jedoch darauf verwiesen, daß fluktuierendes oder auch chaotisches Verhalten
seinerseits wiederum als Modifikation eben dieses Determinismus höherer Ordnung
auftreten kann, wenn dieses Verhalten in der jeweiligen Situation (einer Entschei –
dungssituation oder der sensiblen Phase eines Entwicklungsprozesses) "teleonom" ist.

Ein wichtiger Beleg für diese Grenzen der Ansätze von Haken und Prigogine in der
Erfassung biologischer Problemstellungen ist, daß die meisten erläuterten selbstorgani –
sationstheoretischen Zugänge zu Phänomenen des Lebendigen entweder bei der bloßen
Analogie stehen bleiben (zelluläre Selbstorganisation, Denken, Emotion/Motivation)
oder aber, sofern mathematisch exakt die Beschreibung möglich ist, das untersuchte
Phänomen hochgradig ökologisch invalide ist. So weisen die Phasenübergänge mensch –
licher Fingerbewegungen eben gerade nicht die im Falle "ökologisch bedeutsamer"
Bewegungen notwendig auftretende Abpufferung durch relative Koordinationen auf.[36]
Die Hydra als biologisches Modell der Anwendung des mathematischen Apparates der

---

[35] Ein experimentell gut zugängliches Beispiel ist etwa die Reduktion der vielen
Freiheitsgrade der Faltung eines komplexen Proteins, die in der Zelle durch die
Aufrechterhaltung eines internen Milieus und (evtl.) die Aktivität von Proteini –
somerasen nahezu auf die sogenannte "native Struktur" eingeschränkt werden.
Auch hier zeugt jedoch das verbreitete Paradigma der ausschließlichen Deter –
mination der höheren Proteinstrukturen durch die Primärstruktur (die Amino –
säuresequenz) von der Blindheit des Proteinchemikers gegen seine eigenen
"Setzungen" in Form der mühevollen Suche nach einem geeigneten Faltungs –
medium.

[36] Ein Pferd, das vom Trab in den Galopp ohne einen Übergang von relativen
Koordinationen wechselt, würde jedesmal ganz fürchterlich über den "Phasen –
übergang" stolpern.

physikalischen Selbstorganisationstheorie auf das Problem der Morphogenese weist eben gerade nicht die primitivste Form echter mehrzelliger Kompartimentierung, nämlich eine primäre Leibeshöhle auf, die entscheidenden Einfluß auf die Morphoge – nese aller anderen Stämme des Tierreiches hat. Auch Kippfiguren in der visuellen Wahrnehmung treten im "alltäglichen Sehen" praktisch nicht auf. Die formalisierten Oszillationen von Metabolitkonzentrationen in Enzymsystemen zeigen eben keine Temperaturkompensationen, wie infra – und circadiane Biorhythmen. Und auch, wie sich zeigen wird, Eigens Evolutionskonzept wird wichtigen Merkmalen einer "echten" biologischen Evolution nicht gerecht. Es ist zu erwarten, daß eine Lösung dieses Dilemmas nur dadurch möglich sein wird, daß die qualitativ anderen Relationen lebender Systeme zu ihren Randbedingungen bzw. denen ihrer Subsysteme theoretisch konzeptualisiert werden, wie es im Begriff des autopoietischen Systems geschieht.

Es muß an dieser Stelle noch darauf hingewiesen werden, daß auch die frühen Arbei – ten v.Foersters zu "selbstorganisierenden Systemen" noch auf der hier monierten "physikalistischen" Stufe stehen. Diese "relativistische Phase" der Arbeiten am Biological Computer Laboratory Urbana wurde jedoch nach Varela durch eine "reflexive" und schließlich eine "vollreflexive" oder "selbstreflexive" Phase abgelöst, der die im folgen – den Kapitel zu behandelnden Ansätze v.Foersters und Maturanas entsprechen (Ditterich 1990).

4 DAS AUTOPOIETISCHE SYSTEM – LEBENDES INDIVIDUUM UND LE– BENSPROZESS

4.1 Autopoietisches System und lebendes Individuum

Für die Erfassung des Lebensprozesses stellt sich also die Aufgabe, zu zeigen, wie das System seine Rand– und Ausgangsbedingungen in sich aufhebt, indem es sie "als Objekt so aneignet, daß es ihm die eigentümliche Beschaffenheit nimmt, es zu seinem Mittel macht und seine Subjektivität ihm zur Substanz gibt. Diese Assimilation tritt damit in eins zusammen mit dem [...] Reproduktionsprozeß des Individuums" (III,276). Einlösbar ist diese Aufgabe, wie hier zu zeigen sein wird, in den Arbeiten am Biological Computer Laboratory Urbana unter der Leitung von Heinz von Foerster im Allgemei– nen und der von H.Maturana und Mitarbeitern erarbeiteten Theorie der Autopoiese im Besonderen. Sowohl das schon in den Theorien der Selbstorganisation konzeptualisierte Moment der Reproduktion als auch das dort nicht erfaßte Moment der "Assimilation" faßt H.Maturana, wenn er definiert: "Autopoietische Maschinen sind homöostatische Maschinen [...], die als ein Netzwerk von Prozessen der Produktion (Transformation und Destruktion) von Bestandteilen organisiert (als Einheit definiert) sind, das die Be– standteile erzeugt, welche

(1) aufgrund ihrer Interaktionen und Transformationen kontinuierlich eben dieses Netzwerk von Prozessen (Relationen), das sie erzeugte, neu generieren und verwirkli– chen und die

(2) dieses Netzwerk (die Maschine) als eine konkrete Einheit in dem Raum, in dem diese Bestandteile existieren, konstituieren, indem sie den topologischen Bereich seiner Verwirklichung als Netzwerk bestimmen" (1982,184f).

Unter (1) findet sich wieder die innere Zweckbeziehung, wie sie bereits unter 3.1. beschrieben wurde: Die Verwirklichung des "Netzwerkes von Prozessen" stellt den Zweck, die einzelnen "Interaktionen und Transformationen" oder (operational gefaßten !) "Bestandteile" stellen die Mittel dar, beide sind im Prozeß der Autopoiese als "teleologische Tätigkeit" verbunden, in der "der Zweck in dem Mittel erreicht und im

erfüllten Zwecke das Mittel und die Vermittlung enthalten ist" (III,243,250; vgl.3.1.).[37]
Hier liegt die Differenz zu den Theorien der Selbstorganisation in der Fassung als homöostatisches und streng deterministisches System (Maschine), die immer nur sich selbst als Zweck voraussetzt und produziert und so die Produktion neuer Zwecke (gemäß 3.1.) nicht erklärt (vgl.4.3.1.).

Neben dieses Moment der "Reproduktion" tritt das der Assimilation oder "Aneignung" als Definition des topologischen Bereiches der Verwirklichung der Einheit unter (2). Beide Momente stellen auch für Maturana & Varela (1987,53) eine Einheit dar, indem sich Dynamik (Stoffwechsel) und Rand (Membran) gegenseitig bedingen.

Durch den Rand wird zunächst garantiert, daß "die Äußerlichkeit an und in" das Lebendige kommt "nur insofern sie schon an und für sich in ihm ist; die Einwirkung auf das Subjekt besteht daher nur darin, daß dieses die sich darbietende Äußerlichkeit entsprechend findet; sie mag seiner Totalität auch nicht angemessen sein, so muß sie wenigstens einer besonderen Seite an ihm entsprechen" (III,275f).

Die Randbedingungen des Systems werden so also nicht mehr (nur) vom Forschungs‒ subjekt bestimmt (2.5.;3.4.), sondern vom System selbst. Entsprechend betont Varela (1979,67): "Ein lebendes System [...] setzt die Randbedingungen, die spezifizieren, was ihm zustößt und was ihm nicht zustößt". Ganz in diesem Sinne hebt Varela das Konzept autopoietischer Systeme von den Arbeiten Prigogines ab: "Eine dissipative Struktur entspricht einer komplementären Sicht einer Einheit, sie behandelt nämlich die Einheit als eine offene oder allopoietische Einheit, die durch die Flüsse durch ihre Grenze charakterisiert ist". Trotz der Betonung der zyklischen und rekursiven Organi‒ sation präbiotischer Systeme stellen nach Varela auch Eigens Arbeiten keinen Ansatz zu einer Formalisierung der Autopoiese dar: "Dies ist so, weil sie sich, beginnend von der Notwendigkeit, einen differenzierbaren Zugang zu verwenden, auf das Netzwerk der Reaktionen und ihre zeitlichen Invarianten konzentrieren, aber absichtlich nicht die Art beachten, in der diese Reaktionen eine Einheit im Raum konstituieren oder nicht. Ihre Einheit ist charakterisiert (unterscheidbar) durch die zeitlichen Invarianten ihrer Dynamik. D.h. sie konzentrieren sich auf Aspekt 1 der Autopoiese, aber nicht auf Aspekt 2" (1979,204).

In einer abstrakten Betrachtung definiert sich das lebende Individuum so zunächst als

---

[37] Es sollte hier nicht irritieren, wenn Maturana (1982,190f) selbst den Zweckbe‒ griff ablehnt, da dies gerade im Sinne der äußerlichen Zweckbeziehung ge‒ schieht.

individuelles Subjekt. Hegel (1984,I,127) bemerkt dazu: "Diese Seite der Subjektivität hervorzuheben ist von großer Wichtigkeit. Das Leben ist nur erst als einzelne lebendige Subjektivität wirklich".

Sofern man den "Rand" weiterhin als Membran faßt (und zwar wiederum operational, d.h. in ihrer ständigen bestimmten Reproduktion durch den Stoffwechsel), trifft das System mittels dieses Randes aktiv Unterscheidungen bezüglich dessen, was "in ... das Lebendige" (vgl. oben) kommt:

Es werden aktive, d.h. auch gegen Konzentrationsgradienten verlaufende Transportvor – gänge vollzogen und darüber hinaus selektive (katalysierte und unkatalysierte) Per – meabilitäten gewährleistet, die jeweils entsprechend der Stoffwechseldynamik reguliert sein können (vgl. etwa Stein 1967; Wilson 1978; Lehninger 1985,637 – 658).

Das System bestimmt jedoch nicht nur, was "in", sondern auch, was "an ... das Lebendi – ge" kommt, indem es über die Korrelation von Reizbarkeit und Bewegung bestimmt, welche "Objekte" überhaupt an die Membran gelangen. Auf der Ebene einzelner Zellen erfolgt diese Koordination über das Interagieren membranständiger oder auch interner Rezeptoren mit der Aktivität membranständiger Bewegungsfilamente oder auch des gesamten Zellkörpers.

Im Falle mehrzelliger Organismen erfolgt diese Korrelation außerdem über das Ner – vensystem, das von Maturana wiederum als operational geschlossenes System beschrie – ben wird (ohne daß hier jedoch auf die spezifischen Interaktionen eingegangen werden kann, die die den Organismus integrierende Funktion des Nervensystems ausmachen). Die über das "An – " und "In – "das – Lebendige – Kommen gefaßten Momente der operationalen Geschlossenheit entsprechen so der Hegelschen (1984,I,128) Fassung des Lebensprozesses, "daß sich das lebendige Individuum einerseits zwar in sich gegen die übrige Realität abschließt, andererseits jedoch die Außenwelt ebensosehr für sich macht: teils theoretisch durch das Sehen usf., teils praktisch, insofern es die Außendinge sich unterwirft, sie benutzt, sie sich im Ernährungsprozesse assimiliert und so an einem Anderen sich selbst als Individuum stets reproduziert".

Nach der hier vollzogenen kurzen Einleitung soll gemäß der einleitenden Fragestellung bezüglich des Verhältnisses des Systems zu seinen Randbedingungen das Verhalten des Systems im Mittelpunkt des Interesses stehen, um auf deren Struktur – Organisations – Beziehungen im weiteren noch einmal kritisch – reflektierend zurückzukommen.

4.2 Operationale Geschlossenheit und Lebensprozeß

4.2.1 Operationale Geschlossenheit und Wirklichkeit

Wie schon aus den einleitenden Bemerkungen zur Fassung autopoietischer Systeme als homöostatische Maschinen deutlich geworden sein dürfte, liegt die Spezifik der Theorie der Autopoiese wie auch der v.Foersterschen Kybernetik zweiter Ordnung nicht in der Einführung neuer physikalischer Grundprinzipien, wie im Falle der Theorien der Selbstorganisation, setzt doch gerade Maturana (1982,216) die systembiologische Tradition (vgl.2.2.) fort, wenn auch er meint, "daß eine theoretische Biologie die Theorie der biologischen Erscheinungswelt ist und nicht die Anwendung physikalischer oder chemischer Vorstellungen auf die Analyse biologischer Phänomene, da diese zu einer völlig anderen Erscheinungswelt gehören".

In eben diesem Sinne ist wiederum der Rückgriff auf das kybernetische Denken in der Tradition J.v.Neumanns, N.Wieners, W.R.Ashbys u.a. (Köck 1985) ein Weg, in dem v.Foerster (1985,17f) die Möglichkeit sieht, die "harten Methoden" der Kybernetik zur Lösung der "harten Probleme" der traditionell zu den "weichen Wissenschaften" ge – rechneten Biologie (im Gegensatz zu den mit den "weichen Problemen" befaßten "harten Wissenschaften") nutzbar zu machen.

Die philosophische Orientierung, welche wohl noch bedeutsamer für den revolutionie – renden Charakter des Ansatzes ist, expliziert v.Foerster (1985,25), wenn er im Anschluß an das konstruktivistische Denken G.Batesons postuliert: "Die Umwelt, die wir wahr – nehmen, ist unsere Erfindung". Er setzt so von Anfang an einen Wirklichkeitsbegriff voraus, der, wenn auch in provozierender Form, Hegels Kritik am "bisherigen Begriff der Logik" (vgl.1.) entspricht.

Während demzufolge die orthodoxe kybernetische Forschung (wie gezeigt) von dem Wirken, d.h. der Wirklichkeit des Gegenstandes in Form des Inputs ausgeht und fragt, über welche inneren Zustände ein bestimmter Output zustandekommt und so der nichttrivial (also zustandsabhängig, strukturdeterminiert) gefaßten Maschine eine vorausgesetzte Umwelt entgegenstellt, versteht v.Foerster (1985,206) seine Fragestellung als die "Suche nach Mechanismen in lebenden Organismen ..., die diese instandsetzen, ihre Umwelt in eine triviale Maschine zu verwandeln, und nicht so sehr als die Suche nach Mechanismen der Umwelt, die die Organismen in triviale Maschinen verwandeln".

Die Umwelt als triviale Maschine zu fassen bedeutet wiederum, diese als unabhängig von ihren eigenen Zuständen zu fassen, also operational aufzulösen (im v.Foersterschen Sinne), die Wirklichkeit als Tätigkeit zu fassen (im Sinne Hegels und Marx').

Die über den Rückkopplungskreis sowohl in der (orthodoxen) Kybernetik wie in den Theorien der Selbstorganisation vollzogene Vermittlung von causa efficiens und causa finalis findet in der v.Foersterschen operationalen Erkenntnistheorie ihre Vollendung, indem der Übergang des operational offen gefaßten Systembegriffs der "Allgemeinen Systemtheorie" zum Begriff des operational geschlossenen Systems als "Schließung des linearen, offenen, unendlichen Kausalnexus zu einem geschlossenen und endlichen Kausalkreis" (v.Foerster 1985,65f) vollzogen wird.

Bezogen auf das Nervensystem wären so "kognitive Prozesse als nie endende Prozesse des Errechnens von Realität" und somit Realität "als die Aktivität rekursiver Beschrei–bungen" zu fassen (v.Foerster 1985,31).[38] Objekte wirken so also nicht als systemun–abhängige Wirklichkeit auf das System ein, indem sie eine "Widerspiegelung" oder eine "Repräsentation" (im kybernetisch – kognitivistischen Sinne) erzeugen, deren Be–stimmtheit aus eben jenen Objekten stammen würde; denn diese Objekte werden in den praktisch unendlich – rekursiven Koordinationen der Operationen des Systems aufein–ander aufgelöst und verlieren alle Bestimmung auf das System.

Das System interagiert so mit nichts anderem als seinen eigenen Operationen – es ist operational geschlossen.

Gegenstände sind so als "greifbare Symbole für (Eigen –)Verhalten" (v.Foerster 1985, 91 – 96) verständlich, indem komplementär zu den rekursiven Koordinationen des Systems in den zirkulär organisierten Prozessen der sensomotorischen, aber auch kortikal – cerebellar – spinalen, kortikal – thalamisch – spinalen usw. Schleifen Eigen–werte generiert werden, die als "Objekte" im Hegelschen Sinne zu fassen sind. Diese Objekte erhalten so tatsächlich alle Bestimmtheit vom Subjekt, sind von den dem Beobachter zugänglichen Gegenständen der sogenannten "realen Welt" so wenig bestimmt, wie der Wert einer unendlich oft gezogenen Quadratwurzel von deren Argument (v.Foerster 1987; vgl. Ziemke 1990).

Der operational aufgelöste Gegenstand entspricht so der konsequenten Verfolgung des Prinzips der Negativität bei Hegel, die schon auf der Ebene der Wahrnehmung eben diese beiden identischen Momente zwischen Ich und Gegenstand hat: "das eine nämlich die Bewegung des Aufzeigens, das andere dieselbe Bewegung aber als Einfaches, jenes

---

[38] In einer allgemeineren Fassung unterscheidet sich also ein biologischer Ord–nungsbegriff von einem physikalischen Ordnungsbegriff dadurch, daß lebende Systeme ihre Ordnung selbst "errechnen".

das Wahrnehmen, dies der Gegenstand. Der Gegenstand ist dem Wesen nach dasselbe, was die Bewegung ist, sie die Entfaltung und Unterscheidung der Momente, er das Zusammengefaßtsein derselben" (Hegel 1987,90). Wie die Gegenstände verlieren so aber auch die Subjekte selbst ihre ontologische Relevanz, werden, wie Mocek (1986,22) es treffend, wenn auch mit kritischer Intention, formuliert, zu "strukturdeterminierten Handlungsbündeln" entsprechend Hegels Auffassung, "daß das Subjekt erst in seinem Prädikate Bestimmtheit und Inhalt erhält, vor demselben aber, er mag für das Gefühl, Anschauung und Vorstellung sonst sein, was er will, für das begreifende Erkennen nur ein Name ist; in dem Prädikate beginnt mit der Bestimmtheit aber zugleich die Reali – sation überhaupt" (III,186f).

Die so gefaßte operationale Geschlossenheit wird jedoch in den wenigsten Fällen in dieser Schärfe interpretiert, wenn sie auf die konkrete Aktivität des Nervensystems bezogen wird. Wir werden hier die Interpretation von G.Roth und die von H.Maturana gegenüberstellen.

Der Kernpunkt der Differenz liegt m.E. in der Fragestellung, ob der Begriff der "operationalen Geschlossenheit" nur ein Problem der Semantik darstellt (wie bei G.Roth) oder sich auf Syntax und Semantik bezieht (wie man es bei Maturana erwarten sollte, der eine Trennung von Syntax und Semantik überhaupt ablehnt).

Kompliziert wird das Problem weiterhin dadurch, daß der Radikale Konstruktivismus seiner Herkunft (v.Glasersfeld), wie seinen Wurzeln (Bateson, Watzlawick) und seiner Verbreitung nach (besonders kommunikationsorientierte Gesellschaftstheorie, Sprach – und Literaturwissenschaften, Psychologie) mehr eine Philosophie des Sprachverstehens ist, die das Problem der Semantik explizit in den Vordergrund stellt, so daß das hier zugrundeliegende "strukturelle" Problem oftmals völlig unreflektiert bleibt, aber als Inkonsistenz sofort aufreißt, wenn es zur Diskussion mit orthodoxen Kybernetikern kommt. [39]

Im Folgenden werden beide Positionen und ihre Konsequenzen diskutiert. Dabei wird mit der Position der semantischen Geschlossenheit begonnen, da diese in der letzteren enthalten und weniger radikal ist.

---

[39] Man vergleiche die Diskussion Nünning (1989), Frank (1990), Ziemke (1990), Nünning (1990).

4.2.2 Semantische Geschlossenheit als mögliche Bestimmung der Randbedingungen durch das System

Schon seit den Arbeiten von J.Müller (1826,45) ist in den Neurowissenschaften das "Gesetz der spezifischen Energie der Sinnesorgane" bekannt: "Es ist ganz gleichgültig, von welcher Art die Reize auf den Sinn sind, ihre Wirkung ist in den Energien des Sinnes". Sinnesreize werden, wie man heute sagt, "undifferenziert codiert", d.h. unabhängig von ihrer Qualität als Folgen von Aktionspotentialen nach dem Prinzip "soundsoviel an der und der Stelle meines Körpers" (v.Foerster 1987,138; Roth 1986, 168).

Erst in der Mitte dieses Jahrhunderts wurde man sich jedoch nach v.Foerster (1987,138) des damit verbundenen Prinzips der Semantik bewußt: "Plötzlich griff man sich an die Stirn und fragte sich, wie denn in jedem Moment der überwältigende Reichtum unserer Empfindungen, die Mannigfaltigkeit unseres Erlebens einer bunten, tanzenden, singenden Welt entsteht, wenn die Sinne nichts weiter liefern als eine eintönige Folge von Klicks."

Entsprechend resümiert Maturana (1974/75,37): "Was [...] das Nervensystem des beobachteten Organismus modifiziert, das sind die Veränderungen in der Aktivität der mit den sensorischen Elementen verbundenen Nervenzellen, Veränderungen, die hernach eine Verkörperung der Relationen darstellen, die durch die Interaktionen entstanden sind. Diese Relationen sind nicht jene, die entsprechend der Beschreibung des Beobachters gelten. Es handelt sich vielmehr um Relationen, die in der Interaktion selbst erzeugt werden, und die sowohl von der strukturellen Organisation des Organismus als auch von den Eigenschaften der Welt abhängen, die dem durch die Organisation des Organismus definierten Interaktionsbereich entsprechen".

Wie erfolgt nun aber die Definition des Interaktionsbereiches? G.Roth (1986a,201;b, 157) faßt das Gehirn als "selbstreferentielles System par excellence" und definiert: "Selbstreferentielle Systeme sind solche Systeme, deren Zustände miteinander zyklisch interagieren, so daß jeder Zustand des Systems an der Hervorbringung des jeweils nächsten Zustands konstitutiv beteiligt ist. Selbstreferentielle Systeme sind daher operational geschlossene Systeme".

Trotz dieser "operationalen Geschlossenheit" sind diese Systeme aber "durchaus durch externe Ereignisse modulierbar oder beeinflußbar, sie sind also nicht von der Umwelt isoliert, sie sind aber nicht steuerbar. Sie definieren, welche Umweltereignisse in welcher Weise auf die Erzeugung ihrer Zustandsfolge einwirken können" (Roth 1986 a,201f; b,158). Es wird hier im Hegelschen Sinne zunächst nur eine Bestimmung der Möglichkeit nach vorgenommen, wie sie schon innerhalb des kybernetischen System – begriffs festgehalten wurde; das System nimmt keine wirkliche Bestimmung vor: Es legt nicht fest, welche Randbedingungen wirken, sondern lediglich, welche wirken können, die Wirklichkeit des Systems ist nach wie vor in Form der "Umweltereignisse" gegeben, vorausgesetzt, nicht produziert, gesetzt. Nach wie vor ist so der Gegenstand der Wahr – nehmung "etwas für sich Vollendetes, Fertiges" (vgl.1.). In einem abstrakt – syntakti – schen Sinne (vgl.4.4.2.) muß hier (entgegen Roths Auffassung) von einer "Informa – tionsaufnahme" ausgegangen werden.

Da nun aber Selbstreferentialität keinesfalls ein Spezifikum lebender Systeme darstellt (Roth 1986a,157), ergibt sich diese informationelle Geschlossenheit in ihrem konkreten Sinne als semantische Geschlossenheit, indem das Spezifikum des Gehirns in der besonderen "funktionalen Selbstreferentialität der neuronalen Netzwerke" besteht, die das Substrat für die "semantische Selbstreferenz oder 'Selbstexplikation'" darstellt (Roth 1986a,169; vgl. Roth 1985,237; 1987a,240f). Selbstreferentialität des Gehirns bedeutet also, "daß das Gehirn die Bewertungs – und Deutungskriterien aus sich selbst heraus entwickeln muß", so daß im Gegensatz zum kognitiven Paradigma auf der semantischen Ebene die innere, ausgeführte Zweckbeziehung betont wird: "Ein Computer ist wie alle Maschinen stets fremdreferentiell. Er hat einen von außen vorgegebenen Zweck zu erfüllen, und mit diesem Zweck bzw. mit seinem Gebrauch sind die Bewertungs – und Deutungskriterien der Ergebnisse seiner Tätigkeit verbunden. Da die Bedeutung seiner Tätigkeit keine (direkte) Auswirkung auf seine Existenz hat, ist der Computer wie alle Maschinen dieser Bedeutung gegenüber neutral. Da aber das Gehirn einem selbst – erhaltenden (autopoietischen) System, einem Organismus angehört, ist die Bedeutung dessen, was er tut, für seine Existenz zusammen mit der des Gesamtorganismus kon – stitutiv" (Roth 1986a,209).

Wahrnehmung ist auf diese Weise also Interpretation, Bedeutungszuweisung zu gege – benen, aber bedeutungsfreien neuronalen Ereignissen (Roth 1985,236; 1986b,169) entsprechend dem topologischen Prinzip der Hirnrinde[40] auf der Grundlage der Schleifenstruktur etwa des visuellen Systems (Roth 1986b, 170f), so daß innerhalb des Gehirns eine zirkuläre Rekursivität im Sinne des v.Foersterschen Ansatzes möglich ist.

---

[40] Eine solche "Bio – Logik der Nachbarschaftsbeziehungen" ist wohl auch das zentrale Thema jener "mittleren", der "reflexiven Phase" der Arbeiten am BCL.

In der Wahrnehmung findet so eine "Komplexitätsreduktion" statt (Roth 1986b,173), in der das Gehirn die "Umwelt nach Schlüsselereignissen abtastet und die dazu am besten passenden Details aus dem Gedächtnis in Sekundenbruchteilen hinzutut, so daß ein scheinbar komplettes Umweltbild entsteht. Wir sehen also in der Regel das, was unser Gehirn als die am wahrscheinlichsten vorliegende Umwelt ansieht" (Roth 1986b, 175f). Was im Rothschen Ansatz "konstruiert" wird, also als Produkt der bestimmenden Aktivität des Systems erscheint, ist so die "Bedeutung".

Der Fortschritt dieser Position gegenüber den in den letzten Kapiteln formulierten Ansätze ist die somit erfolgte Etablierung dieser Bedeutung als Gegenstand der Wahr — nehmung in der Form, daß "sein Prinzip, das Allgemeine, in seiner Einfachheit ein vermitteltes ist. Der Reichtum des sinnlichen Wissens gehört (so — A.Z.) der Wahr — nehmung, nicht der unmittelbaren Gewißheit an" (Hegel 1987,91).

Die mit der Zuweisung zu "bedeutungsfreien neuronalen Ereignissen" implizierte Aufnahme von Information im Shannonschen Sinne ist jedoch immer noch ein Vor — aussetzen, von dem nicht gezeigt werden kann, wie es nun zur Produktion des Systems wird (vgl. III,278). Das System ist so nach wie vor durch die zufälligen bzw. willkürlich festgelegten Ausgangs — und Randbedingungen bestimmt.

Entsprechend fällt auch der Begriff der Strukturdeterminiertheit mit dem der opera — tionalen Geschlossenheit zusammen, so daß Autonomie immer nur ein relatives Kor — relat der inneren Komplexität des Systems bleibt und das System gerade den wesent — lichsten Momenten seiner Randbedingungen gegenüber, nämlich den Energie — und Materieflüssen als Gefälle freier Energie gegenüber völlig "heteronom" bleibt.

Sofern also Randbedingungen überhaupt real bestimmt werden, so nur negativ, als Abkopplung von bedrohenden Umweltereignissen (Roth 1986,179).

Auf Grundlage der hier verfolgten heuristischen Basis, also zunächst ohne Anspruch auf empirische Evidenz, wäre das einzelwissenschaftliche Korrelat der hier monierten philosophisch — metatheoretischen Inkonsistenz die völlige Abstraktion von motorischer Aktivität im Kognitionsprozeß.

So bemerkt Roth (1987a,244) zwar völlig zurecht: "Aber auch das Handeln des Orga — nismus und dessen Folgen sind dem Gehirn niemals direkt gegeben, sondern nur über interne sensorische Rückmeldung", so "daß es keine externe, 'objektive' Kontrollinstanz gibt", und man mag Roth (1987a,236f) immer noch zustimmen, wenn er schreibt: "während die Umwelt nur sensorisch im Gehirn repräsentiert ist, ist der Körper senso — risch und motorisch repräsentiert" oder wenn er meint, nur über somatosensorische Rückmeldungen "fühlen wir unmittelbar, was unser Körper tut"; doch wäre dem unbe —

dingt hinzuzufügen, daß unser Handeln wesentlich darauf beruht, daß wir mittelbar gerade über die von Roth nicht explizit gefaßte Veränderung der sensorischen Re-präsentation der Umwelt "fühlen [...], was unser Körper tut".

Wesentlich ist weiterhin, daß dieser Unterschied zwischen unmittelbarem und mittel-barem "fühlen ..., was unser Körper tut" vom Nervensystem selbst getroffen werden muß, zumindest, wenn man den traditionellen entwicklungspsychologischen Befunden (vgl.4.2.4.2.) oder auch den Bemerkungen Neissers (1979,95) oder Maturanas (1982,282) folgt. In diesem Sinne ist es dann auch m.E. sehr abstrakt zu meinen: "Nur über die Rezeptoren hat das Gehirn Kontakt mit der Außenwelt" (Roth 1986a,207).

Ebenso ist zunächst nichts dagegen einzuwenden, wenn Roth (1985,241) schreibt: "Diese Abgeschlossenheit wird auch nicht durch unser eigenes Handeln durchbrochen. Denn das Handeln, das wir als unser Handeln wahrnehmen, ist ein kognitives Konstrukt ebenso wie die wahrgenommenen Folgen unseres Handelns". Doch besteht in der von v.Foerster herausgestellten Trivialisierung bzw. Operationalisierung der Umwelt durch lebende Systeme eben gerade die völlige Spezifizierung der Konstrukte des Sensoriums durch die Konstruktion der Handlung, so daß beide im Gehirn unmittelbar korreliert werden könnten (was natürlich eine Fragestellung an die Empirie wäre).

Indem G.Roth den orthodoxen Wirklichkeitsbegriff der Naturwissenschaften reetabliert, wird seine Theorie allerdings wesentlich plausibler als "die manchmal seiltänzerisch anmutenden Formulierungen zur subjektabhängigen Wirklichkeit bei v.Förster und Maturana" (Mocek 1990,360).

Wenn dann etwa Oeser (Oeser & Seitelberger 1988,47) von Maturana zu Roth mit den Worten überleitet: "Tatsächlich ist die Theorie Maturanas nur dann akzeptabel, wenn an ihr wesentliche Korrekturen vorgenommen werden, die allerdings dieser Theorie die scheinbare Originalität und Eigenständigkeit wieder völlig nehmen", so wäre ihm dem Ansatz dieser Arbeit folgend nicht, was den ersten Teil seiner Aussage, wohl aber, was die für diese Linie so wichtige Originalität und Eigenständigkeit betrifft, bedauernd zuzustimmen.

Und auch Mocek (1990,360) hebt, trotz seines expliziten Verweises auf die in dieser Arbeit so oft betonte 1.Feuerbachthese, Roths Ansatz als "entscheidende problem-interne Abwendung vom betonten subjektivistisch-konstruktionistischen Ansatz Maturanas" positiv hervor.

Letztendlich muß hier auch eine Abgrenzung gegen den Radikalen Konstruktivismus E.v.Glasersfelds erfolgen: Bei allen Bezügen, die sich insbesondere hinsichtlich der epistemologischen und ethischen Konsequenzen zur Theorie der Autopoiese und den

hier vertretenen Auffassungen ergeben, wäre zweierlei zu monieren: Einerseits das
Festhalten an einer Fassung von Lebewesen als hierarchisch – verschachtelte Systeme
von Rückkopplungskreisen, die bereits im 2.Kapitel ausführlich kritisiert wurde, und
andererseits die (ganz im Gegensatz zu seinem großen Vorbild J. Piaget) permanente
Vernachlässigung der Rolle der motorischen Aktivität.[41] Beide Momente zusammen –
gefaßt beschränkt sich auch bei v.Glasersfeld die Konstruktion des Gegenstandes auf
die hierarchisch – sequentielle Organisation auflaufender, wenn auch 'subjektseitig'
gefaßter Sinnesdaten als "Partikel der Erfahrung" (1987,107), die selbst vorausgesetzt
und nicht produziert sind. Wenn dann auch behauptet wird, die kognitiven Strukturen
seien Resultat der konstitutiven Aktivität des erkennenden Subjekts (1987,104), so muß
die Struktur der Umwelt doch irgendwie "implizit" (Roth 1990, persönliche Mitteilung)
oder eben als "einschränkende Bedingung" (1987,107) in den Sinnesdaten gegeben sein.
In eben dieser Hinsicht bleibt ein Ansatz, der sich auf eine Art "semantische Ge –
schlossenheit" beschränkt, entsprechend der hier vertretenen heuristischen Basis, noch
hinter solch grundlegenden Arbeiten der frühen Kybernetik, wie denjenigen von Ashby
(1972) zurück. Für ihn gehört die Rückkopplung effektorischer Aktivität auf das
Sensorium (und die "essential variables") zu den organisatorischen Grundprinzipien der
Funktion des Nervensystems. Schon er formuliert die daraus resultierende fundamentale
Autonomie des lebenden Organismus an einem hübschen Beispiel, indem er das Tier
als Referenzzentrum betrachtet: "Ein Frosch am Ufer eines Flusses kann mit einem
kleinen Sprung seine Welt von einer durch die Gesetze der Mechanik beherrschten in
eine von den Getzen der Hydrodynamik beherrschte verwandeln" (Ashby 1972,41). Als
Ursache für die mangelnde Erfassung der Interaktion von Sensorium und Effektoren
sieht er, ganz im Sinne dieser Arbeit, das Bemühen des Physiologen, gerade diese
entscheidenden Rückkopplungen via Umwelt als "Störgrößen" aus seiner Versuchs –
anlage zu eliminieren (Ashby 1972,37f), also selbst die Randbedingungen des Experi –
ments zu bestimmen.

---

[41] Diese Rolle wird zwar bisweilen betont (etwa Richards & v.Glasersfeld 1987)
bleibt aber philosophisch vollkommen unerfaßt.

4.2.3. Operationale Geschlossenheit als wirkliche Bestimmung der Randbedingungen durch das System

Maturanas Definition der operationaler Geschlossenheit[42] des Nervensystems geht entsprechend von der in den kritischen Bemerkungen zum letzten Abschnitt geforderten Interaktion von Motorium und Sensorium aus: "Die Organisation des Nervensystems als eines finiten neuronalen Netzwerkes ist [...] durch im Bereich der neuronalen Inter-aktionen geschlossene Relationen definiert. Sensorische oder Effektorneuronen, wie sie von einem Beobachter beschrieben werden, der einen Organismus in seiner Umwelt betrachtet, sind davon nicht ausgenommen, da alle sensorische Aktivität eines Organis-mus zur Aktivität seiner Effektoroberflächen führt und alle Effektoraktivität seine sensorischen Oberflächen verändert" (1982,228). Noch deutlicher macht Maturana diesen Zusammenhang, wenn er schreibt: "Die sensorischen und effektorischen Neuro-nen, die ein Beobachter an einem Organismus beschreiben kann, machen das Nerven-system nicht zu einem offenen neuronalen Netzwerk, da die so beschriebenen sensori-schen und effektorischen Neuronen über die Umwelt, wo der Beobachter steht inter-agieren und so die Geschlossenheit des Systems aufrechterhalten" (1982, 282f).
Entsprechend wird an gleicher Stelle betont: ein "geschlossenes neuronales Netzwerk kennt weder Input – noch Outputoberflächen als Merkmal seiner Organisation, auch wenn es durch die Interaktionen seiner Bestandteile beeinflußt werden kann". Innen und außen existieren so nur für den Beobachter, nicht für das System.
Während also auf der Grundlage der "semantischen Geschlossenheit" die Geschlossen-heit schlichtweg nur darin besteht, daß die Zustände relativer neuronaler Aktivität irgendwann einmal auf Zustände verwiesen sind, für die sich auf die Frage woher? (an der sensorischen Oberfläche) oder auch wohin? (an der effektorischen) in der Be-schreibung des Systems keine Antwort mehr geben läßt, so ergibt sich auf diese Fragen bei der Annahme einer operationalen Geschlossenheit unter Einbeziehung der Inter-aktion von Sensorium und Motorium immer eine Antwort: Das System spiegelt (aus-nahmslos) "die anatomische und funktionale Organisation des Nervensystems in seinen Interaktionen" (Maturana 1982,86).
Erst mit einer solchen strengen Fassung von operationaler Geschlossenheit wird Tätigkeit erfaßbar: Der sensorische "Input" ist nicht mehr etwas nur Vorausgesetztes,

---

[42] Der Begriff der "operationalen Geschlossenheit" bezeichnet Varela als den Zentralbegriff der letzten, "vollreflexiven" Phase der Arbeiten am BCL (vgl.FN 40).

sondern selbst Setzung des Systems. Es wird nicht nur die Bedeutung der Information durch das System festgelegt, wie G.Roth und E.v.Glasersfeld (1987,90) meinen, sondern auch die konkreten Signale, die syntaktischen Eigenschaften des Inputs.

Im v.Foersterschen Sinne ist so die "Umwelt" in eine "triviale Maschine" verwandelt, die sensorische Aktivität (als Output dieser Maschine) wirkt nur insoweit bestimmend auf das System, wie sie mit der effektorischen Aktivität (als deren Input) korreliert werden kann. In eben dieser Trivialisierung der Umwelt und der daraus resultierenden Sy – stem – Umwelt – Beziehung liegt dann auch die wesentliche Differenz zu einem Modell unter Einbeziehung eines feedback über die Umwelt, wie im Falle von Ashbys "Design for a brain" – um auf das Beispiel des Frosches am Ufer des Flusses (Ende 4.2.2.) zurückzukommen: Der Frosch bestimmt mittels seiner Koordination von Sensorium und Motorium nicht nur, in welcher von mehreren gegebenen Welten er existiert, sondern er selbst produziert diese Welten, indem er ihre Gesetze als Koordination seiner sensorischen und motorischen Aktivitäten produziert.

Während in einem Modell mit feedback über die (nichttrivial gefaßte) Umwelt das System von den Zuständen dieser Umwelt permanent determiniert bleibt, diese Umwelt immer voraussetzt, ohne sie produzieren zu können, stellen die Zustände der im o.g. Sinne (trivial) produzierten Umwelt immer nur Störeinflüsse (Perturbationen – s.u.) dar, die das System zwingen, nach neuen stabilen Korrelationen zu suchen. Alles, was sich an sensorischer Aktivität nicht mit der Aktivität der effektorischen Oberflächen korrelieren läßt, ist für das System nichts als "Rauschen". Gegenüber dem im zweiten Kapitel zentralen Wienerschen Rückkopplungskonzept, wie auch der von v.Glasersfeld betonten hierarchischen Organisation von Rückkopplungsschleifen bestehen also zwei wesentliche Differenzen: An die Stelle der äußerlichen Zweckbeziehung des Beobach – ters auf das System ist eine innere getreten und an die Stelle der Kontrolle des Systems durch den Beobachter über die Randbedingungen die Aneignung dieser Randbedin – gungen durch das System im Lebensprozeß. Diese beiden Momente hält Varela fest, wenn er schreibt: "Die organisationale Geschlossenheit ist ähnlich, aber verschieden gegenüber einer Rückkopplung in der Art, daß letztere eine externe Referenzquelle benötigt und impliziert, die im Falle der organisationalen Geschlossenheit völlig fehlt. Ein Netzwerk von untereinander verbundenen Rückkopplungsschleifen ist organisatio – nal geschlossen und tatsächlich kann eine solche Art von Analyse in manchen Fällen nützlich sein. Was wir aber niemals vergessen sollten, ist, daß eine der zentralen Intentionen für die Untersuchung von Autopoiese und organisationaler Geschlossenheit ist, ein System ohne Inputs und Outputs (die seine Kontrolle und Einschränkung verkörpern) zu beschreiben und seine autonome Konstitution zu betonen; dieser Standpunkt ist der Wienerschen Idee der Rückkopplung simpliciter fremd" (1979,56).

Die Randbedingungen als Objekte sind so im System aufgehoben, ihnen ist die eigen-tümliche Beschaffenheit genommen, der Zweck des Systems ist "als konkrete Totalität identisch mit der unmittelbaren Objektivität" (III,251), das System ist somit als Subjekt gefaßt, ist als diese Totalität "nicht von außen her bestimmt und veränderlich, sondern aus sich heraus sich gestaltend und prozessierend und darin stets auf sich als subjektive Einheit und als Selbstzweck bezogen" (Hegel 1984,I,127). Als andere Seite dieser Erfassung von Subjektivität ist Wirklichkeit nun im Sinne Hegels und Marx' mit Tätig-keit identifiziert: "Erkennen hat es nicht mit (ontologisierten A.Z.) Objekten zu tun, denn Erkennen ist effektives Handeln" (Maturana & Varela 1987,262). Erst jetzt ist das Objekt also im v.Foersterschen Sinne operational aufgelöst. Kognition wird so nicht mehr als "Aufnehmen" der Bestimmtheit aus dem Gegenstand gefaßt, aber auch nicht als einseitiges Setzen, sondern im Hegelschen Sinne als Einheit von Setzung und Voraussetzung.

* * *

Deutlicher werden sollten diese Zusammenhänge in dem folgenden einfachen Beispiel, welches das klassische Verhaltensschema der Ethologie bestehend aus ungerichtetem und gerichtetem Appetenzverhalten und triebbefriedigender Endhandlung bezüglich eines "hungrigen" Raubtieres versucht, unter Fassung des Tieres als Referenzzentrum zu beschreiben:
Das Raubtier beginnt mit einem ungerichteten Appetenzverhalten, welches im ein-fachsten Falle in einer ungerichteten motorischen Aktivität (in ihrer Korrelation mit dem Sensorium) besteht.
Diese ungerichtete Aktivität setzt eine Reizsituation voraus, die zur Endhandlung hinweist (der Beobachter würde sagen: zur Beute). Wird diese Voraussetzung nicht in Produktion verwandelt, verhungert das Tier, seine Autopoiese bricht zusammen. Zumeist jedoch konstruiert das Tier über die (in sich wiederum rekursiven) Operatio-nen des ungerichteten Appetenzverhaltens die entsprechende Reizsituation (der Be-obachter würde sagen: es findet eine Spur, nimmt eine Witterung auf etc.), produziert also die vorausgesetzte Reizsituation (eine Wahrnehmungsaktivität, an der die sensori-schen Oberflächen beteiligt sind).

Diese Reizsituation führt zum gerichteten Appetenzverhalten, d.h. das gerichtete Appetenzverhalten bezieht sich über die Wahrnehmungsoperationen der Reizsituation rekursiv auf das ungerichtete Appetenzverhalten.

In ständiger rekursiver Korrelation von Wahrnehmungsaktivität und motorischer (lokomotorischer) Aktivität produziert das Tier im gerichteten Appetenzverhalten immer neue Reizsituationen mit stärkerem "Hinweischarakter" auf die Endhandlung. Dieses gerichtete Appetenzverhalten setzt die die Endhandlung auslösende Reizsitua – tion voraus. Wird diese Voraussetzung nicht in Produktion verwandelt, beginnt das Tier von neuem mit ungerichtetem Appetenzverhalten.

Anderenfalls konstruiert das Tier die die Endhandlung auslösende Reizsituation (der Beobachter würde sagen: es findet die Beute), produziert also die vorausgesetzte Reizsituation. Die Endhandlung bezieht sich somit über die Operationen der Wahr – nehmungsaktivität rekursiv auf die des gerichteten Appetenzverhaltens.[43]

Entsprechend der v.Foersterschen Fassung von Gegenständen als Symbole für Eigen – verhalten stellt das Tier hier einen Operator dar, der sich jeweils auf die zu produzie – renden Reizsituationen der einzelnen Verhaltensphasen oder des Verhaltens als Gan – zem, letzlich aber seiner eigenen Erhaltung als "Eigenwert" bezieht, d.h., dieser Wert des Eigenverhaltens (also etwa die Beute im Maul) ist letztlich völlig unabhängig von Ausgangs – und Randbedingungen. Eine Abhängigkeit, die das Erreichen des "Eigen – wertes" nicht erlaubt, ist gleichbedeutend mit dem Tod des Tieres.

Nicht nur die einzelnen Verhaltensphasen, sondern auch die partikulären Bewegungs – abläufe lassen sich über jenes Prinzip des Eigenverhaltens erfassen. So entspricht etwa die Fortbewegung eines Tieres einem Eigenverhalten, das durch die rekursive Erre – gungszirkulation von einem zentralen Oszillator auf die Muskeln der Gliedmaßen und von dort über Propriorezeptoren zurück zu diesem Oszillator erzeugt wird (Varela 1979,249).

Nach wie vor erscheint es jedoch so, als ob das Tier sich zumindest in der Wahrneh – mung der Reizsituation auf eine gegebene, also nicht produzierte, sondern lediglich vorausgesetzte "Realität" beziehen würde. Doch auch die Wahrnehmungsaktivität bewegt sich konsequent in jener operationalen Geschlossenheit. Da es sich hier um die

---

[43] Die in sich rekursiven und wieder über das Schema Voraussetzen/Produzieren erklärbaren Phasen der Endhandlung wie Fangverhalten, Totbeißen, Verschlin – gen sollen dem Leser erspart bleiben.

einzelwissenschaftlich relevantere Fragestellung handelt, soll dies unter 4.2.4. ausführlich besprochen werden.

Alle diese beschriebenen Operationen des Nervensystems sind relativ autonom gegen – über den sonstigen Operationen des Organismus, sind aber selbst konstitutiv für das autopoietische System, sind sein Mittel wie sein ausgeführter Zweck. Das Nervensystem integriert die Aktivität des gesamten Organismus und sichert so (neben Fortpflanzung, Exploration, Sozialität etc.) die Aufrechterhaltung des Stoff – und Energiewechsels des Organismus. In diesem Sinne dient die Korrelation von Sensorium und Motorium der Konstruktion eines verwertbaren Gefälles freier Energie, die "an ... das Lebendige" kommt, um über die Membranen des Randes "in" dieses zu gelangen (vgl.4.1.).
Lebewesen sind so keinesfalls, wie Roth meint, heteronom bezüglich des Energie – und Stoffaustauschs, da sie diesen zwar voraussetzen, aber auch produzieren so lange sie leben und sterben, sobald sie diese Voraussetzung nicht in Produktion verwandeln.
Das Gefälle freier Energie ist in der Beschreibung des Systems ein durch das geschlos – sene Netz von Operationen permanent aufrechterhaltenes Merkmal des topologischen Bereiches der Verwirklichung des Systems als Einheit.
Auf diese Weise ist an Hand des Gefälles freier Energie als wesentlichster Komponente der Randbedingungen des Systems in der kybernetischen und insbesondere selbst – organisationstheoretischen Sichtweise gezeigt, wie die Randbedingungen des Systems vom System aufgehoben, bestimmt werden und somit auch, wenn man so will, wie die Gesetze der Physik in denen der Biologie "aufgehoben" sind; oder wie Hegel (III,276) schreibt: "Mit der Bemächtigung des Objekts geht daher der mechanische Prozeß in den innern über, durch welchen das Individuum sich das Objekt so aneignet, daß es ihm die eigentümliche Beschaffenheit nimmt, es zu seinem Mittel macht und seine Subjektivität ihm zur Substanz gibt".

Das Medium wirkt auf das System lediglich über Störeinflüsse. Diese "Perturbationen" sind aber "lediglich Auslöseereignisse, die die Sequenz der Zustandsveränderungen der autopoietischen Einheit an die Sequenz der Zustandsveränderungen des Mediums, das diese Störeinflüsse erzeugt, koppeln" (Maturana 1982,287f). Perturbationen verweisen so auf nichts anderes, als daß die jeweilige effektorische Aktivität nicht die korrespon – dierende sensorische Aktivität produziert, d.h. die Umwelt in irgendeiner Weise nicht – trivial zu werden droht. Die Zustände der Umwelt, die diese "Nichttrivialität" hervor – rufen, bestimmen das System jedoch nicht in seiner Entwicklung, sondern lösen nur dessen Suche nach neuen, stabilen Korrelationen aus.

Perturbationen bestimmen das System so nicht qualitativ, sondern legen nur Zeitpunkte von Strukturveränderungen relativ zur Zeitstruktur des Systems fest oder, was das gleiche ist, die Intensität seiner (abstrakten) Aktivität. Eben solche Entitäten wie "Perturbationen" faßt auch Hegel (III,275) im "mechanischen Einwirken": "Insofern das Objekt gegen das Lebendige zunächst als ein gleichgültiges Äußeres ist, kann es mechanisch auf dasselbe einwirken; so aber wirkt es nicht als auf ein Lebendiges; insofern es sich zu diesem verhält, wirkt es nicht als Ursache, sondern erregt es". Dem System begegnet so im Medium nichts Neues, sondern die Einwirkung des Mediums auf das System besteht immer nur darin, "daß dieses die sich darbietende Äußerlichkeit entsprechend findet" (III,275f, vgl.4.1.) – im Falle der Produktion der Voraussetzung – oder auch nicht – im Falle der Perturbation.[44]

Im Gegensatz zur qualitativen Bestimmtheit des Neuen im selbstorganisierenden System durch die Randbedingungen produziert das autopoietische System alles Neue selbst (vgl.4.3.). Dieses Neue besteht entsprechend in einer Neukoordination der Operationen des Systems untereinander, indem neue Eigenwerte entstehen (v.Förster), neue struk – turelle Kopplungen etabliert werden (Maturana) bzw. neue Objekte angeeignet werden (Hegel).

Indem die Zustandsveränderungen des Mediums zwischen Motorium und Sensorium in "trivialisierter" Form in die operationale Geschlossenheit des Systems einbezogen werden ergeben sich somit die strukturellen Kopplungen als "die tatsächliche raum – zeitliche Übereinstimmung der Zustandsveränderungen des Organismus mit den wie – derkehrenden Zuständen des Mediums, solange der Organismus seine Autopoiese verwirklicht" (Maturana 1982,288). Handelt es sich bei den gekoppelten Systemen beiderseits um Organismen, "ergibt sich aus ihrer ontogenetischen strukturellen Kopp – lung wechselseitige Anpassung und, durch ihre rekursiven Interaktionen, der Aufbau isomorpher Strukturen, die einen geschlossenen Verhaltensbereich bestimmen, in dem die strukturell isomorphen Organismen in verschränkten Sequenzen von Zu – standsveränderungen aufeinander einwirken" (Maturana 1982,290). Diesen Verhaltens – bereich bezeichnet Maturana (ebd.) als einen "konsensuellen Bereich".

---

[44] Eine solche Perturbation bedeutet aber auch in dem Sinne keine "Information" für das System, daß sie die Abwesenheit eines bestimmten Sachverhaltes signa – lisieren würde – sie ist im o.g. Sinne nichts als ein "Verrauschen" der Koor – dinationen des Systems durch die Umwelt.

In jüngerer Vergangenheit wurde das Konzept der operationalen Geschlossenheit in R.Valees (1990) Arbeiten zur "epistemo – praxeologischen Geschlossenheit" aufgegriffen, die ebenfalls die "Schließung" des Kognitionsprozesses zwischen "epistemologischen" Afferenzen und "praxeologischen" Efferenzen konzeptualisieren.

Es bleibt noch darauf zu verweisen, daß solche Kopplungen nicht nur über das Nervensystem aufgebaut werden, sondern auf allen Ebenen der organismischen Regulation eine Rolle spielen. Zu den für Kopplungen mit dem Medium prädestinierten Systemen zählt etwa das Hormonsystem oder das Immunsystem. So zeigt etwa Varela (1979), daß auch das Immunsystem als operational geschlossenes System konzipiert werden kann, wenn man es als ein Netzwerk von Autoimmunreaktionen faßt (die von der traditionellen Immunologie lediglich als pathologische Ausnahmeerscheinung behandelt werden). Die traditionell als (ausschließliche) Antigene gefaßten körperfremden Makromoleküle würden so wiederum lediglich Perturbationen des Netzwerkes darstellen, die durch das Immunsystem durch Überproduktion der entsprechenden Antikörper kompensiert werden. Obwohl für dieses Modell die entscheidenden experimentellen Belege noch ausstehen, wäre sein Erklärungswert enorm – das von der Immunologie bislang nur über peinliche Hilfsannahmen beantwortbare Problem der "Self – /Nonself – "Unterscheidung würde sich zwanglos in einer "Sense – /Nonsense – "Unterscheidung auflösen.

Darüberhinaus sollte im Rückgriff auf die Kritik am kognitiven Paradigma (2.4.) die eminente Rolle von Körperlichkeit und Einbezogenheit in den Lebensprozeß als Determinante menschlicher Kognitionsprozesse klar geworden sein.

4.2.4 Sensorisch – motorische Reziprozität der Wahrnehmung

In diesem Abschnitt soll gezeigt werden, wie auch Wahrnehmungsoperationen in ihrer sensorisch – motorischen Reziprozität so organisiert sind, daß Objekte als Symbole für Eigenverhalten, also analog zu mathematischen Eigenwerten, ihre Bestimmtheit innerhalb der Beschreibung des wahrnehmenden Systems ausschließlich aus den Operationen dieses Systems als Subjekt gewinnen, also ihre Objekte selbst "konstruieren" bzw. "setzen", indem sie eine unbestimmte Realität "voraussetzen".
Auch hier kann bezüglich der Rothschen Interpretation (4.2.2.) bereits davon ausgegangen werden, daß über die inneren Schleifen etwa des visuellen Systems das Wahr –

nehmungsobjekt konstruiert wird, indem gegebenen Signalen "Bedeutung" zugewiesen wird, und es brauchen Neurowissenschaften und Psychologie lediglich dahingehend befragt zu werden, inwieweit auch hier die motorische Aktivität eine Rolle spielt.

4.2.4.1 Neurowissenschaften

In den orthodoxen Neurowissenschaften wird die sensorisch – motorische Reziprozität spezifiziert, indem neben den "inneren" Schleifenstrukturen auch von der "äußeren Informationsschleife über die aktive Wahrnehmung" gesprochen wird (Creutzfeldt 1983,414), über die durch das "Abtasten" der Wahrnehmungsobjekte (etwa mit dem Blick oder den Fingern) und der zeitlichen Integration dieser "Bilder" der "Gegenstand im Gehirn" konstruiert wird.

Diese "äußere Informationsschleife" wird also innerlich geschlossen über die inter – modalen Rindenfelder, in denen die motorischen Reafferenzen und Efferenzkopien mit den sensorischen Afferenzen zu einem einheitlichen Wahrnehmungsgegenstand inte – griert werden (Oeser & Seitelberger 1988,94ff; Held 1986; Jantzen 1990).

Ohne motorische Aktivität ist so Wahrnehmung unmöglich: Wir sehen nichts, wenn die Saccadenbewegungen unserer Oculomotorik unterbunden werden, wir hören nichts, wenn die Bewegung der cochlearen Haarzellen gelähmt ist, wir spüren nichts ohne Muskeltremor, wir riechen nichts, ohne Atembewegungen (Pribram & Carlton 1986; Neisser 1979,101; Jantzen 1990). Sofern aber diese Interaktion von Motorium und Sensorium überhaupt gefaßt wird, erfüllt die Motorik jedoch wiederum zumeist le – diglich die Funktion, die vorausgesetzten Signale "auszuwählen" und "aufzusammeln" ohne diese aber selbst als Korrelationen von Sensorium und Motorium zu produzieren.

Sie erfassen die Interaktion zwischen Motorium und Sensorium also lediglich als Sammelsurium von Rückkopplungsschleifen, ohne die aus der Komplexität und spezifi – schen Organisation dieser Interaktion resultierende Herausbildung von Eigenverhalten zu berücksichtigen, die zur Trivialisierung der Umwelt und zur Schließung des Ner – vensystems führen.

Demgegenüber hält Varela im Anschluß an die Darstellung von Experimenten zur Genese von Wahrnehmungskonstanten (1979,247ff; vgl. Maturana 1982,81ff) die Kon – sequenzen der Anwendung dieser Prinzipien auf das Problem der Wahrnehmung wie folgt fest: "Sensorische Wahrnehmung kann nicht verstanden werden als ein Input – prozeß, durch den ein Reiz eine Wirkung in einem komplexen Prozeß jenseits der Sinnesorgane verursacht. Wahrnehmung und Handlung können nicht getrennt werden, da Wahrnehmung ein Ausdruck der Geschlossenheit des Nervensystems ist. Positiv gefaßt ist Wahrnehmung äquivalent der Konstruktion von Invarianten durch eine sensorisch – motorische Kopplung, durch die der Organismus in seiner Umwelt viabel wird. Das Umweltrauschen wird zu Objekten durch die Geschlossenheit des Nervensy – stems" (1979,247).

Einen sehr interessanten Beleg für diese Position vermag Pribrams in einer ganz anderen Forschungstradition entstandene Holonomic Brain Theory (Pribram & Carlton 1986) zu liefern: Diese Theorie zeigt zunächst, daß eben die Bewegungen der Oculo – motorik erst die Raumfrequenzmuster (spatial frequency patterns) erzeugen, die durch das Gehirn in seiner Fouriertransformation verarbeitet werden. Der Einfluß des motorischen Systems beschränkt sich jedoch nicht auf diese abstrakte Aktivität, sondern konstruiert über Selektionsoperationen die für die Objektwahrnehmung wesentlichen Invarianten und Merkmalskonstanten im "Rauschen" des rein sensorischen Input, stellt also die von Varela betonten Invarianten zwischen Motorium und Sensorium her, die den Eigenwerten des Verhaltens bzw. der "Trivialisierung" der Umwelt bei v.Foerster entsprechen.[45]

Pribram & Carlton (1986,205) selbst drücken dies in einer noch zu reinterpretierenden Sicht auf die Termini "objektiv" und "subjektiv" aus, wenn sie schreiben: "Auf diese Weise wird durch die Bewegung Objektivität aus der Subjektivität des Bildes extrahiert". Noch deutlicher wird dieser Zusammenhang in Anschluß an Pribram bei Gyr (1988), der ein quantentheoretisches Modell vorlegt, in dem auf dem Niveau des primären sensorischen Cortex eine Korrespondenz zwischen motorischem und sensorischem System auftritt, in der beide als komplementär im physikalischen Sinne zueinander behandelt werden können.

Wenn die o.g. Konsequenzen der sensorisch – motorischen Reziprozität der Wahr – nehmung bislang in den Neurowissenschaften kaum im Sinne des Problems der "ope – rationalen Geschlossenheit" diskutiert werden, so ist die Ursache hierfür sicher in der ungeheueren Komplexität des Untersuchungsgegenstandes zu suchen, die bislang einen empirischen Zugriff auf kaum mehr als einige "Reizkorrelate der Bewegung" erlaubt (vgl. Regan et al.1986).

---

[45] Neben den genannten Saccadenbewegungen spielen hier gewiß auch der Vesti – buloocular – Reflex, Folgebewegungen, optokinetische Reaktionen und Konver – genzbewegungen eine wesentliche Rolle (vgl. Büttner & Büttner – Ennever 1988).

4.2.4.2 Psychologie

In weitgehender Abhebung vom orthodoxen kognitiven Paradigma entwickelt auch Neisser (1979) eine Theorie, die sich um das Konzept des Wahrnehmungszyklus aufbaut, in welchem die hier erläuterte sensomotorische Reziprozität von entscheidender Bedeutung ist: Wahrnehmungsschemata organisieren die (motorische) Erkundungsaktivität des Organismus, welche innerhalb der verfügbaren (vorausgesetzten) Information eines Objektes relevante Merkmale "auswählt" (unterscheidet), die ihrerseits sensorisch integriert wieder das Schema verändern. Wahrnehmung ist auch hier kein Wechselverhältnis zwischen ontologisiertem "Ding" und "Abbild", sondern wiederum im v.Foersterschen Sinne operational gefaßt: Das Schema ist "obschon es in jedem Wahrnehmungsakt eine kritische Rolle spielt, nicht ein 'Wahrgenommenes' (a 'percept'), noch produziert es ein solches irgendwo im Kopf des Wahrnehmenden. Der Akt des Wahrnehmens mündet überhaupt nicht in ein 'Wahrgenommenes'. Das Schema ist bloß eine Phase einer andauernden Aktivität, die den Wahrnehmenden zu seiner Umgebung in Beziehung bringt. Das Wort Wahrnehmung bezieht sich eigentlich auf den ganzen Zyklus und nicht auf einen herausgelösten Teil in ihm" (Neisser 1979,27). Dem Begriff nach wird also auch hier Wirklichkeit als Tätigkeit gefaßt, obwohl die Unterscheidungen des Beobachters (und daher das "realweltliche" Objekt und seine "Information" vgl. 4.4.) nicht von der inneren Reflexion dieser Unterscheidungen als Unterscheidungen des Systems unterschieden werden. Doch verschwindet hier völlig das Einwirken von Information auf ein passives System. Anstelle der "Komplexitätsreduktion" der aufgenommenen Information als wesentliche Aufgabe der Wahrnehmung (Roth 1986b,173), mit der schon im orthodoxen Kognitivismus das schier unlösbare Problem des "Aufmerksamkeitsfilters" verbunden ist (woher "weiß" das System, welche Signale bedeutungsvoll sind ?) tritt hier die Komplexitätskonstruktion als einzig gangbarer Weg, effektives Handeln des Organismus in der "an sich" (also für den Beobachter) hoch komplexen Welt zu ermöglichen. Entsprechend betont auch Roth (1986b,176) die Bedeutung der m.E. so zu fassenden "operationalen Geschlossenheit", wenn er schreibt: "Wäre das menschliche Gehirn ein gegenüber der Welt wirklich 'offenes' System, so wäre es in jeder Sekunde von der Flut der Umweltereignisse überwältigt und zu keiner Entscheidung fähig". Und Luhmann (1990) betont: "Man kann die Umwelt nur erkennen, weil (der Idealismus hätte gesagt: obwohl) man keinen operativen Kontakt zu ihr unterhalten kann. Die Bedingung der Kontaktlosigkeit ermöglicht und wird ausgeglichen durch intern aufgebaute Eigenkomplexität".

Doch nicht nur für die Aktualgenese der Wahrnehmung, sondern auch für ihre Onto –
genese spielt die motorische Aktivität die bestimmende Rolle: Schon Jahrzehnte früher
hat dies Piaget (1971, 113ff; 1975,159ff) an Hand der sich über Zirkulärreaktionen
einstellenden Gleichgewichte von Assimilation und Akkomodation gezeigt.[46] So er –
zeugt der Säugling schon in den ersten Stadien seiner sensomotorischen Entwicklung
durch zufällige motorische Aktivitäten Wahrnehmungen, die er durch Wiederholung der
motorischen Aktivitäten zu reproduzieren sucht und so sensomotorische Schemata
seines Körpers (primäre Zirkulärreaktion) bzw. anderer Objekte (sekundäre Zirkulär –
reaktion) erzeugt. Durch systematisches Kombinieren und Variieren der motorischen
Aktivitäten[47] werden die Schemata in der später auftretenden tertiären Zirkulärreak –
tion weiter verfeinert und untereinander (etwa als Mittel – Zweck – Relation) in Bezie –
hung gesetzt. Neue Objekte werden dabei jeweils an vorhandene Schemata "assimiliert",
während diese sich an die neuen Objekte "akkomodieren", indem (ähnlich wie im Fall
der "Perturbationen" bei Maturana) neue Erkundungsaktivitäten ausgelöst werden, bis
sich ein Gleichgewicht beider Prozesse einstellt.

Die Historizität der sensorisch – motorischen Reziprozität im Kontext der Phylogenese
wird an anderer Stelle aufzugreifen sein (5.1.2.2.).

Die Wahrnehmung fällt somit wiederum außerhalb der "sinnlichen Gewißheit" im
Hegelschen Sinne: "Der Reichtum des sinnlichen Wissens gehört der Wahrnehmung,
nicht der unmittelbaren Gewißheit an, an der es nur das Beiherspielende war, denn nur
jene hat die Negation, den Unterschied oder die Mannigfaltigkeit an ihrem Wesen"
(Hegel 1987,91) oder kürzer: "Wahrnehmung ist Handeln" (v.Foerster 1985,27).

---

[46] Diese Zirkulärreaktionen sind übrigens auch bei Tieren nachgewiesen (Dore &
Dumas 1987).

[47] Hier wird die Ähnlichkeit zum Explorationsverhalten höherer Tiere deutlich
(Lorenz 1978,257ff)

4.3 Organisation und Struktur – formal und real bestimmendes Subjekt

4.3.1 Das autopoietische System als formal bestimmendes Subjekt

Die Organisation von Lebewesen als autopoietische Systeme entspricht formal dem Hegelschen Subjektbegriff, indem die Bestimmtheit dieser Organisation die den Lebensprozeß einschließende und somit die Umwelt aufhebende ausgeführte Zweckbeziehung erfaßt.

Diese formale Bestimmtheit hebt (in ihrer terminologischen Verwendung wie dem Begriff nach der Hegelschen Fassung (II,103ff) entsprechend) Roth (1986b,159f) hervor, indem er schreibt, "daß ein selbsterhaltendes System dann vorliegt, wenn die formalen Bedingungen erfüllt sind, gleichgültig wie sie konkret realisiert werden" und erläuternd fortfährt, es wäre bezüglich dieser formalen Bedingungen "völlig gleichgültig, wie ein Lebewesen sich selbst erhält, die Hauptsache ist, daß es dies schafft".[48]
Eine solche Bestimmung entspricht genau der "Form des Grundes", die für Hegel "bloßer Formalismus und leere Tautologie" ist, "welche denselben Inhalt in der Form der Reflexion in sich, der Wesentlichkeit ausdrückt, der schon in der Form des unmittelbaren, als gesetzt betrachteten Daseins vorhanden ist" (II,106).[49] Zweifellos unterschätzt die Einschätzung des Formalen durch Hegel bei weitem dessen Nützlichkeit, doch sollte eine reale Bestimmung immer dann angestrebt werden, wenn ihr ein einzeltheoretisches Korrelat zugeordnet werden kann.

4.3.1.1 Die formale Bestimmung der Struktur durch die Organisation

Im Begriff des autopoietischen Systems findet sich das Moment der Unmittelbarkeit als Leben oder Überleben, als die Aufrechterhaltung des "Netzwerkes von Prozessen", das Moment dieses Inhalts in der Form der Reflexion in sich als die Teilnahme der Bestandteile an eben diesen Prozessen ihrer eigenen Reproduktion.

---

[48] In der unter 4.1. aufgeführten Definition autopoietischer Maschinen wird dies unter der Bestimmung der Aufrechterhaltung des "Netzwerkes von Prozessen" als einzigem "Sollwert" von Lebewesen (Roth ebd.) festgehalten.

[49] Weiter schreibt Hegel an jener Stelle: "Die Wissenschaften, vornehmlich die physikalischen, sind mit den Tautologien dieser Art angefüllt, welche gleichsam ein Vorrecht der Wissenschaften ausmachen".

Von der Struktur des Systems läßt sich so nur sagen, daß sie dessen Organisation nicht widersprechen darf. Die Organisation bestimmt darüberhinaus die Struktur nicht, so wie umgekehrt die Struktur die Organisation nicht modifiziert (vgl.Maturana 1982,314).

Ein empirisches Korrelat findet diese philosophische Feststellung als Mangel formuliert etwa in der Tatsache, daß es für das Reh einen Unterschied machen muß, ob es besser nach einer ausgiebigen Mahlzeit noch ein paar Grashälmchen fressen oder lieber vor dem gerade auftauchenden Wolfsrudel davonlaufen sollte.

Leben ist offenbar nicht lediglich auf das aktuelle Überleben aus, nicht nur auf Erhal—tung einer abstrakten Organisation, sondern auf Verbesserung der Lebensbedingungen, auf Optimierung der Struktur gemessen an einer konkreten Organisation. Dies ent—spricht etwa dem von W.Jantzen (1978; 1980; 1985; 1987) im Anschluß an Anochin immer wieder betonten vorgreifenden Charakter der "Widerspiegelung" und macht wohl gerade die von Roth (1987b, 270) betonte Autonomie des Gehirns gegen den ganzen Organismus aus.

Organisation und Struktur müssen also über interne, streng selbstreferentielle Wert—kriterien vermittelt sein, die als Moment der Organisation die Struktur real bestimmen und so selbst von dieser (in der Veränderung der Wertkriterien) modifiziert werden.

Zur Hegelschen Fassung des Lebensprozesses ist diese reale Bestimmtheit dann voll—zogen, wenn "die sich darbietende Äußerlichkeit" des Systems nicht mehr nur "einer bestimmten Seite an ihm entspricht", sondern "seiner Totalität angemessen ist" (III,275; vgl.4.1.), so daß nun auch real sein Begriff "als konkrete Totalität identisch mit der unmittelbaren Objektivität" (III,251) ist.

4.3.1.2 Zirkularität und Entwicklung

Die so aufgeführte Kritik betrifft nicht die Zirkularität des Begründungszusammen—hangs, sondern nur das Formale seiner Bestimmung. Dieses Formale betrifft jedoch nicht nur den systematischen Aspekt, sondern mit diesem auch den historischen.

Tatsächlich resultiert erst aus der realen Bestimmtheit der Struktur durch die Organi—sation, also dem real bestimmenden Subjekt, die Wirklichkeit seiner Entwicklung: Solange es gleichgültig ist, in welche Struktur das perturbierte System zurückkehrt, ist seine Entwicklung nur etwas Mögliches, was geschehen kann oder auch nicht.

Wirkliche, d.h. Selbstentwicklung des Systems vollzieht sich erst, wenn das System Strukturen nach ihrer Angemessenheit gegenüber der Organisation, also wieder be—züglich interner, streng selbstreferentieller Wertkriterien unterscheiden kann. Eng damit ist verbunden, daß das System in seiner Entwicklung mit der Annahme von außen wirkender Perturbationen immer noch dem Zeitpunkt dieser Entwicklung und so zufällig auch ihrer Richtung nach fremdbestimmt ist.

Wirkliche Entwicklung setzt so eine Historizität der Selbst – Veränderung des Systems voraus, in der die Perturbationen aus der Bewertung konkreter Strukturen entstehen und dabei vom System selbst produziert werden, so daß die früheren Entwicklungs – stufen in den späteren "aufgehoben" sind. Perturbationen müssen so mit Luhmann (1990) als "streng systeminterne Angelegenheit" erfaßt werden, d.h. selbst als im System aufgehoben gezeigt werden, so daß deutlich wird, wie das System selbst seine Entwick – lung bestimmt.

Nur unter Voraussetzung eines real bestimmten Subjekts wird also, um mit H.v.Foerster (1985,66) zu sprechen, der circulus vitiosus tatsächlich zu einem circulus creativus, oder, um Hegel (1984,I,125) zu bemühen: "Denn die Kraft des Lebens und noch mehr die Macht des Geistes besteht eben darin, den Widerspruch in sich zu setzen, zu ertragen und zu überwinden".

Als einzeltheoretisches Korrelat dieses Fehlens der realen Bestimmung läßt sich die Annahme der homöostatischen Regulation des Systems zeigen, da eben hier Strukturen solange gleichgültig sind, wie sie in ein stabiles Minimum der Entropieproduktion führen.

Entwicklung vollzieht sich so nie konsequent als Selbstentwicklung, sondern immer unter dem "Zwang" der Perturbation. Entsprechend läßt sich durch ein Homöostase – modell die fundamentale Spontanaktivität des Verhaltens, wie sie in der Ethologie betont wird, im Allgemeinen und die im Entwicklungskontext so wichtige Funktion des Explorations – und Neugierverhaltens im Besonderen nicht erklären.

So verweist etwa Simonow (1982,25ff) auf experimentelle Befunde, die zeigen, daß Tiere auf Grund dieser Spontanaktivität permanent Störungen ihrer "Homöostase" aktiv herbeiführen und meint entsprechend (1982,10): "Die Theorien der Homöostase sind beschränkt und wenig produktiv, weil von ihnen die wichtige, aber nur unterstützende Funktion des adaptiven Verhaltens zum universellen Prinzip erhoben wird".

Als Alternative bieten sich im Gegenstandsbereich dieser Arbeit die Theorien der Selbstorganisation an, die bezüglich dieses Abschnittes die Produktion neuer Zwecke als spontane Strukturbildungen erklären können und bezüglich 4.3.1.1. über die Konzepte der Versklavung und Selektion zeigen, wie zunächst unter gegebenen Randbedingungen eine Optimierung der Systemstrukturen resultieren kann.

Darüberhinaus verweisen diese Theorien auf die notwendige Berücksichtigung der

Zeitlichkeit lebender Systeme, die durch Verwendung des Homöostasebegriffes per –
manent vernachlässigt wird.

Greift man die Kritik der Anwendung des Begriffs des physikalischen selbstorganisie –
renden Systems auf lebende Individuen auf, nach der sich lebende Individuen als
Subjekte gegen physikalische selbstorganisierende Systeme durch die Selbstbestimmung
ihrer Rand – und Ausgangsbedingungen auszeichnen, und stellt in Rechnung, daß eben
dies im Begriff des autopoietischen System konzeptualisiert ist, sollte sich eine Lösung
des Problems andeuten lassen.

4.3.2 Das real bestimmende Subjekt als wertungsvermittelte Bestimmtheit der Struktur durch seine Organisation

Das real bestimmende Subjekt ist innerhalb des Begriffs des autopoietischen Systems
faßbar, indem dieses unter Einbeziehung selbstorganisierender Strukturen als Regula –
tionsprinzip gefaßt wird, deren Ausgangs – und Randbedingungen das System in sich
aufgehoben hat.

Dies ist die heuristische Aussage, die vom Standpunkt des hier vertretenen Ansatzes
getroffen werden kann; wie dies geschieht, kann hier nur spekulativ erörtert werden, da
ein solches Problem Gegenstand einzeltheoretischer Überlegungen sein müßte. Da die
über die Aufhebung der Theorien der Selbstorganisation in der Theorie der Autopoiese
zu fassende reale Bestimmtheit der Struktur durch die Organisation für das System den
Charakter einer Wertung der aktuellen Struktur hat, sollten entsprechend der Fassung
von Emotion und Motivation als psychische Wertungsprozesse (Erpenbeck 1984)
Theorien wie die von Hansch und Jantzen unter 3.3.6. angedeuteten einen Zugang zu
den Wertungsprozessen auf neuronaler Ebene erlauben. Auf dieser wie auf der all –
gemeinbiologischen Beschreibungsebene sollte dabei ein enger Zusammenhang zwi –
schen Zeitstruktur des Systems als dem in der Theorie der Autopoiese zu wenig
thematisierten Moment der Systemstruktur und der bestimmenden Funktion von
Wertungsprozessen bestehen.

Ausgehend von Sinz (1978;1980) und Jantzen (1985;1987;1990) wäre also nicht mehr
von einer homöostatischen Regulation auszugehen, sondern von oszillierenden subzel –
lulären und zellulären, physiologischen und neurophysiologischen Zeitgebern, die im
System die Tendenz haben, sich zu realisieren und untereinander zu synchronisieren.

Dieses Synchronisieren ist dabei in einer solchen Art zu verstehen, daß die Rhythmen
der einzelnen Zeitgeber von immer höher organisierten Zeitstrukturen versklavt werden

und so die Koordination der Operationen des Systems auf allen Organisationsebenen zu einer multioszillatorischen Funktionsordnung im Sinne von Sinz (1978) ermöglicht wird. Entsprechend der operationalen Geschlossenheit des Systems werden diese Zeitstruk‐ turen innerhalb der Beschreibung des Systems jedoch nicht durch dem System äußerli‐ che Zeitstrukturen bestimmt, sondern die Rhythmik durch das System selbst in seinem Verhalten produziert, indem die Interaktionen des Systems mit dem Medium rhythmi‐ siert werden. Die dem Beobachter zugängliche Zeitgeberfunktion äußerer Rhythmen wäre demzufolge aus der über die Reflexion von Setzung und Voraussetzung bewirkten Koordination von Rhythmen des Systems untereinander zu erklären.

Als solch ein tätigkeitsvermittelter Rhythmus wäre wiederum das Lorenzsche Verhal‐ tensschema erklärbar: Aktionsspezifische Potentiale wachsen an, lösen Appetenzver‐ halten aus, welches den Auslöser konstruiert, der auf den AAM wirkt, die Instinkt‐ bewegung wird ausgelöst und baut das aktionsspezifische Potential ab, dieses wächst wieder an ... etc.

Die chronobiologisch faßbaren Oszillationen des aktionsspezifischen Potentials kon‐ struieren so die Oszillationen des Ansprechens des AAM (sieht man einmal von dessen Eigendynamik ab), dessen "doppelte Quantifikation" (Lorenz) wäre entsprechend mit der Beharrungstendenz der Rhythmik des aktionsspezifischen Potentials faßbar.

Eine für den Beobachter als "inadäquates" Verhalten festellbare mangelnde Synchroni‐ sation des Systems mit dem Medium existiert für das System entsprechend als eine zunehmende Desynchronisation der Zeitstrukturen der Operationen des Systems untereinander. Es wirkt hier also keine Perturbation von "außen", sondern das System selbst produziert die Perturbation über seine Operationen.

Entsprechend ist die Auflösung der Desynchronisation nur im Ergebnis der Operationen des Systems möglich, das über seine Operationen seine eigene Struktur gemäß der von seiner Organisation festgelegten Wertungskriterien verändert.[50]

Die Struktur beschränkt sich so nicht mehr darauf, die Organisation aufrechtzuerhalten, sondern wird an Hand der Wertungskriterien der Organisation (etwa in der Art der unter 3.3.6. genannten) optimiert und durch die relative Unabhängigkeit der Rhythmen des Nervensystems untereinander und von denen des Organismus vorgreifend organi‐ siert.

Die Organisation bestimmt so real die Struktur, welche ihrerseits in dieser modifizierten

---

[50] Diese Veränderung könnte durchaus über das Schema überkritische Desyn‐ chronisation/ Fluktuation/ Versklavung/Selektion beschreibbar sein.

Form auf die Organisation zurückwirkt.

Das System setzt so mit der eigenen Zeitstruktur eine bestimmte Struktur des Mediums voraus, die es in der Realisation dieser Zeitstruktur produziert. Die Synchronisation mit dem Medium bewirkt das System so, indem es seine eigenen Operationen unterein – ander neukoordiniert.

In der Makroorganisation des Verhaltens wird eine solche durch die Entwicklung der internen Koordinationen bewirkte Synchronisation mit dem Medium etwa an der Entwicklung des Beutefangverhaltens der Katze sichtbar: Leyhausen (1975) zeigt, wie sich die einzelnen angeborenen Verhaltensphasen des Beutefanges (deren Koordination untereinander nicht angeboren ist) durch das Verhalten des Tieres untereinander so koordinieren, daß sich die Verhaltensphasen hintereinander in zweckmäßiger Weise (entsprechend der schon im o.g. Beispiel (4.2.3.) demonstrierten Reziprozität von motorischer Aktivität und Wahrnehmung der Reizsituationen) und dem entsprechenden Quantum aktionsspezifischen Potentials (hier wäre zu sagen: Oszillationsfrequenzen der einzelnen Verhaltensphasen) organisieren. Die so in Form der Zeitstruktur des Beute – fangverhaltens produzierte Verhaltenskoordination erscheint dem Beobachter nun aber schlagartig völlig inadäquat, wenn die Katze einem ökologisch invaliden Medium ausgesetzt wird – z.B. einem Zimmer mit einer Unmenge Mäuse und dort eben die vorausgesetzte "Wirklichkeit" produziert: Nachdem die Katze sich sattgefressen hat, beißt sie noch weitere Mäuse tot, fängt andere (in der Regel die am schwersten zu fangenden) und lauert dann noch eine Weile. Die Katze produziert so die innerhalb der Motivbasis vorausgesetzten Oszillationsfrequenzen der Phasen des Beutefangverhaltens. Andererseits kann bei einer hungrigen Katze die eigenständige Motivbasis von Lauern, Fangen und Totbeißen völlig erschöpft sein und alle entsprechenden Verhaltensphasen dem Fressen bzw. letztlich dem physiologischen Mangelzustand untergeordnet sein.

Gerade durch dieses Beispiel wird sehr schön der eigentliche Sinn des Hegelschen Begriffs des Organismus geklärt und konkretisiert als "Trieb jedes einzelnen, spezifi – schen Moments (Zeitgebers – A.Z.), sich zu produzieren (in seiner Eigenfrequenz zu schwingen – A.Z.) und ebenso seine Besonderheit zur Allgemeinheit zu erheben, die anderem ihm äußerlichen aufzuheben, sich auf ihre Kosten hervorzubringen (andere Zeitgeber zu versklaven – A.Z.), aber ebensosehr sich selbst aufzuheben und sich zum Mittel für die anderen zu machen (sich von seiner Eigenfrequenz ablenken zu lassen, seine Eigenfrequenz zu ändern und der Koordination mit anderen Rhythmen unter – zuordnen – A.Z.)" (III,269; vgl.3.4.).

Entsprechend faßt Hegel den Lebensprozeß als "gedoppelte Tätigkeit: einerseits stets

die realen Unterschiede aller Glieder und Bestimmtheiten des Organismus zur sinn–
lichen Existenz zu bringen, andererseits aber, wenn sie in selbständiger Besonderung
erstarren und gegeneinander zu festen Unterschieden sich abschließen wollen, an ihnen
ihre allgemeine Idealität, welche ihre Belebung ist, geltend zu machen. Dies ist der
Idealismus der Lebendigkeit" (1984,I,125).

Wie unter 3.3.6. bereits deutlich geworden sein sollte, folgt auch die Organisation von
Denken, Wahrnehmung und Motorik einer solchen Wertungsdynamik. Im Falle von
Wahrnehmung und Motorik wäre jedoch nun explizit zu fassen, daß die resultierenden
Ordnungsparameter sich immer in Interaktion von Sensorium und Motorium organi–
sieren. So produzieren etwa die Saccadenbewegungen (etwa in Form "fraktaler At–
traktoren" – vgl. Vandervert 1990) stabile Korrelationen zwischen Sensorium und
Motorium, werden diese wie auch motorische Verlaufsgestalten nicht rein motorisch
oder sensorisch, sondern immer über so etwas wie sensomotorische Schemata organi–
siert etc.

Lebende Systeme vollziehen ihre Entwicklung so immer als Selbstentwicklung gemessen
an ihren eigenen, streng selbstreferentiellen Wertkriterien (also nicht über vom Be–
obachter festgelegte, wie etwa "Komplexitätszunahme", die dann immer wieder Fälle
von "Zurückentwicklung" als Komplexitätsabnahme zu klären hätten). Das System zeigt
so konsequente Selbstentwicklung, indem es sein "Neues" selbst qualitativ und quanti–
tativ bestimmt.

Über die durch Perturbationen in ihrer Konstruktion durch das System bedingte
Produktion neuer Strukturen hinaus kann nun auch erklärt werden, wie das "Neue"
selbst zum Gegenstand von Verhaltensweisen mit eigener Motivbasis (Explorations–
und Neugierverhalten) werden kann. Auch hier ist das "Neue" wieder in dem Sinne
vom System selbst konstruiert, indem es:

1. im zugeordneten Appetenzverhalten vom System selbst produziert ist;

2. dem System entsprechend der dem zugrundeliegenden Wertungsdynamik angemessen
ist;

3. an die Operationen des Systems "assimiliert" wird.

Auch hier begegnet Neues also nicht aus dem Medium her, sondern wird als Neues vom
System selbst konstruiert, ist Selbstentwicklung seiner operationalen Struktur – etwa
unter Hervorbringung neuer Eigenwerte.

Inzwischen hat auch Jantzen (1990) den Zusammenhang zwischen seiner Hypothese und
Maturanas Begriff der "strukturellen Kopplung" in seiner neuesten Arbeit expliziert

(ohne jedoch eine kritische Position gegenüber Maturanas Theorie in einer an Roth angelehnten Interpretation zu verlassen): "Der von Maturana gesetzte und seiner Ansicht nach nicht der Erklärung bedürftige Aspekt der strukturellen Kopplung, auf den Roth faktisch nicht zu sprechen kommt, findet seine Aufklärung in den oben genannten Koppelungsprozessen chronobiologischer Strukturen. Lebendige Organismen sind so gebaut, daß ihre elementaren Raum – Zeit – Parameter in Form chronobiologischer Prozesse (und subjektiv in Form affektiver, emotionaler, sinnhafter Wertung) ständig gegenüber einer Eichung durch die Umwelt offen sind. Nur das sichert ihr Überleben [...] Diese Eichung kann durch Koppelung an räumlich – zeitliche Strukturen der unbelebten wie belebten Welt, aber insbesondere auch an das Verhalten der eigenen Gattung erfolgen. Das Resultat dieser strukturellen Koppelung sind je subjektiv die Sinnbildungsprozesse (biologisch, individuell, sozial) und je auf den Objektbereich gerichtet die Bindungs – oder Vermeidungsprozesse im Sinne der affektiv – emotiona – len Objektbewertung und Objektbesetzung".

Als Differenz zu der hier vertretenen Auffassung wäre festzuhalten, daß die Geschlos – senheit der operationalen Struktur des Systems nicht explizit theoretisch gefaßt (wenn nicht sogar abgelehnt) wird, durch deren interne Synchronisation als Gesamtheit chronobiologischer Prozesse die strukturelle Kopplung mit den "räumlich – zeitlichen Strukturen der unbelebten wie belebten Welt" und somit die nur dem Beobachter zugängliche "Eichung durch die Umwelt" erst möglich wird. Entgegenzuhalten wäre der inneren Konsistenz des Ansatzes von W.Jantzen demzufolge, daß die Rhythmen der Umwelt so als Randbedingung vorausgesetzt bleiben, ohne produziert zu werden (gemäß 3.4.). Es gerät so der tätigkeitstheoretische Grundsatz, daß die Optimierung der Systemstruktur nur "im Gelingen der Tätigkeit selbst" (Jantzen 1987,309) erfolgen kann, in Gegensatz zu der im verwendeten systemtheoretischen Ansatz liegenden unmittel – baren Bestimmtheit der Systemstruktur durch die Randbedingungen.

4.4 Beobachter und System – die Zweck – Mittel – Dialektik

4.4.1 Beobachter und System

In der Theorie der Autopoiese ist die Zweckbeziehung des Forschungssubjektes auf das
Forschungsobjekt als Verhältnis von Beobachter und System expliziert.

Wurde der kybernetische Systembegriff als die ausschließlich äußere Zwecksetzung des
Forschungssubjekts erfaßt, die im Begriff des selbstorganisierenden Systems über die
Ausgangs – und Randbedingungen bestimmend auf das System wirkt, aber in sich
reflektiert in einer ausgeführten Zweckbeziehung zwischen Ordnungs – und Element –
parametern ist, hat der Begriff des autopoietischen Systems sich als die völlige Auf –
hebung dieser Zweckbeziehung in das System als die Aneignung zunächst der Randbe –
dingungen durch das System erwiesen.

Die Wechselwirkung zwischen Beobachter und System ist nun nicht mehr das einer
einseitigen Beherrschung, sondern das des beiderseitigen Bezuges auf einen konsensu –
ellen Bereich oder (im Falle des Menschen als Forschungsobjekts – vgl. 5.) Gattungs –
zusammenhang.

Es tritt in diesem Kontext exakt das bereits unter 3.4. "prophezeite" Paradoxon auf, daß
das System mit seinen Randbedingungen (und wie sich zeigen wird auch seinen Aus –
gangsbedingungen) eben die Zweckbeziehung des Forschungssubjektes auf sich aufhebt,
die für das Forschungssubjekt die Grundlage dafür waren, überhaupt etwas über das
System zu erfahren: Im analytisch – strukturellen Zugriff wird das System in der einen
oder anderen Weise in seine Teile zerlegt und so in seinen Interaktionen als Ganzes
unerfaßbar. Im ganzheitlich – funktionellen Zugriff, also im Verhaltensexperiment wird
einerseits durch den Versuch der "Vorgabe" der Randbedingungen eine dem System
angemessene, ökologisch valide (Neisser 1979,13ff; Velickovskij 1988,235ff) oder
gegenstandsadäquate (Holzkamp 1985,520ff) Methode unmöglich und andererseits
durch "Unterlaufen" dieser Randbedingungen durch das System Validität und Reliabi –
lität des Experiments in methodologischer Hinsicht fragwürdig.

Es entsteht so das Dilemma, daß logisch widerspruchsfrei immer nur entweder die
Interaktionen des Systems oder aber seine internen Strukturveränderungen beschrieben
werden können. Jeder Versuch, beide Bereiche in Beziehung zueinander zu setzen,
führt zu logischen Widersprüchen, die sich zwar "dialektisch" im Sinne der Hegelschen
Logik, nicht aber im Rahmen eines mathematisch – formalen oder auch experimentellen

Zugriffs auflösen lassen. Auch Maturana und Varela sehen keine andere Möglichkeit als eine "saubere logische Buchhaltung": "Die Situation ist in Wirklichkeit sehr einfach. Als Beobachter können wir eine Einheit nämlich in verschiedenen Bereichen betrachten, und zwar je nach den Unterscheidungen, die wir machen. So können wir ein System einerseits in dem Bereich betrachten, in dem seine Bestandteile operieren, also im Bereich seiner inneren Zustände und seiner Strukturveränderungen. Für dieses Ope – rieren, für die interne Dynamik des Systems existiert die Umgebung nicht, sie ist irrelevant. Wir können jedoch auch eine Einheit betrachten, die mit ihrer Umwelt interagiert und die Geschichte ihrer Interaktionen mit diesem Milieu beschreiben. Für diese Perspektive, in der der Beobachter Beziehungen zwischen bestimmten Eigen – schaften des Milieus und dem Verhalten der Einheit feststellen kann, ist die innere Dynamik der Einheit irrelevant.

Keiner dieser beiden möglichen Beschreibungsbereiche ist an sich problematisch, und beide sind notwendig, um ein gründliches Verständnis der Einheit zu erlangen [...] Wir kommen erst dann in Schwierigkeiten, wenn wir, ohne es zu merken, von einem Bereich zum anderen überwechseln und dabei verlangen, daß die Korrelationen, die wir (auf Grund unserer gleichzeitigen Betrachtung beider Bereiche) zwischen ihnen herstellen können, tatsächlich Bestandteile des Operierens der Einheit (in diesem Fall des Orga – nismus und des Nervensystems) sind.

Bleiben wir jedoch bei einer sauberen logischen Buchhaltung, lösen sich diese Ver – wicklungen auf. Wir werden gewahr, daß wir es mit zwei Perspektiven zu tun haben, und bringen diese in einem von uns hergestellten, umfassenderen Bereich in Beziehung. So brauchen wir weder auf Abbildungen zurückzugreifen, noch brauchen wir zu negie – ren, daß das System in einem als Ergebnis seiner Geschichte von Strukturkopplungen mit ihm verträglichen Milieu operiert" (1987,148f).

Das logische Problem besteht nun offensichtlich darin, die Vermittlung beider Per – spektiven zu erfassen. Andernfalls ist ein Subjekt als Gegenstand wissenschaftlicher Forschung immer nur "Objekt" des Forschers als Subjekt, andernfalls unterliegt jedes autopoietische System als Forschungsgegenstand immer der "Trivialisierung" oder "operationalen Auflösung" durch den Beobachter zu einem allopoietischen System.

Mit der Einführung des Themas der Vermittlung wird nun allerdings der Vorrat an Formen überschritten, den die klassische Logik zur Verfügung stellt: "Im System der klassischen Oppositionen, worin sich für jeden Begriff auch sein Gegenteil angeben läßt, kann Sinn niemals ohne seinen spezifischen Gegensinn konstruiert werden. Dabei ist sowohl Affirmation als auch Negation immer schon vorausgesetzt [...] Dieser grund –

legenden Dualität entsprechen zwei unterschiedliche Denkmotive, denen zwei ebenso komplementäre Betrachtungen der Welt entsprechen [...] Das eine Thema des Denkens ist das Sein selbst, als gegebenes oder als Schöpfung, der gegenüber das Subjekt nur Abbilder produzieren kann. Die zweite Orientierung des Denkens würde den Prozeß der Schöpfung zum Thema haben" (Oberheber 1990,53). Doch auch in der Hegelschen Logik ist über dessen Fassung dieser Vermittlung die vollständige Beschreibung des Subjekts als Subjekt lediglich darum möglich, weil die Identität der individuellen Subjekte in der absoluten Idee schon immer vorausgesetzt ist, so daß die Lösung des Problems eben im zu – sich – Finden der absoluten Idee im Gattungszusammenhang, namentlich in der Hegelschen Philosophie, schon gefunden ist. Das logische Paradoxon wird so zur "Nichtigkeit des An – und Für – sich – seins" des Gegenstandes (III,248), hier des Subjekts.

Eben hier setzt die Kritik von G.Günther (1978,92), einem Kollegen Maturanas am BCL, an, wenn er schreibt: "Für die Überwindung der klassischen zweiwertigen Sche – matik des Denkens scheinen sich nun zwei gleichwertige Alternativen zu ergeben. Man läßt entweder das Denken ganz im Sein aufgehen oder das Sein ganz im Formenspiel der Reflexion verschwinden. Hegel wählt anscheinend den ersten Weg. Der Begriff als solcher ist von jetzt ab das an und für sich Seiende. Es zeigt sich aber im Verlauf der dialektischen Entwicklung der großen Logik, daß die beiden einander scheinbar entgegengesetzten Möglichkeiten einander formal und material äquivalent sind. Meta – physisch bedeuten beide genau dasselbe. Der Dualismus wird wiedereinmal auf den Monismus reduziert. Vor Descartes geschah das auf dem Weg über das Objekt, jetzt geschieht es kraft seiner 'Vermittlung' durch das Subjekt. Das endgültige Ziel ist die alte Identitätsmetaphysik, die bei der Reduktion schon vorausgesetzt war".[51]

Die Ursache für alle diese hier aufgeführten logischen Probleme sieht Günther in der fundamentalen Zweiwertigkeit unseres Denkens und Handelns, die Alternative zur Auflösung dieser Probleme in einer im Anschluß an Hegel entwickelten transklassi – schen Logik.

Durch Abstraktion von den klassischen Wahrheitswerten in den Wertetafeln der Operationen der klassischen Logik erhält Günther (1976,141ff,189ff,249ff) in Form der "Morphogrammatik" ein abstraktes logisches Strukturniveau, auf dessen Grundlage sich Operationen einführen lassen, die zu logischen Werten "jenseits" von "wahr" und "falsch" führen, Werte, die also nicht im Sinne von Quasiwahrheitswerten "zwischen" "wahr" und

---

[51] Diese Voraussetzung erfolgte bereits in der Phänomenologie (Hegel 1987,73f).

"falsch" interpretiert werden können (wie in den stochastischen Logiken von Lukasie – wicz, Post, Lewis u.a.). Günther bezeichnet jene transklassischen Operationen als "Transjunktionen" und stellt ihre Bedeutung heraus, indem er schreibt: "Wenn ein Kybernetiker feststellt, daß ein beobachtetes System die Verhaltensmerkmale von Subjektivität zeigt, so tut er das mit dem strikten Verständnis, daß er lediglich meint, die beobachteten Ereignisse würden teilweise oder gänzlich die logische Struktur der Transjunktion aufweisen" (1976,288).

Über die Einbeziehung jener "zusätzlichen" logischen Werte läßt sich also Subjektivität beschreiben; neben die traditionellen Themen des "Ich" und des "Es" tritt nun das Thema des "Du" als "objektives Subjekt" – das in diesem Abschnitt herausgestellte logische Paradoxon läßt sich auf diese Weise auflösen. Kybernetisch entspricht dies, wie Günther (1976,382ff) zeigt, der Einführung der formalen Unterscheidung zwischen einem geschlossenen System und seiner Umgebung.

Die Einführung einer solchen Logik ändert aber, wie Günther betont (etwa 1979,198), nichts an der fundamentalen Zweiwertigkeit unseres Denkens und Handelns. Dement – sprechend ist es sinnvoll, eine mehrwertige Logik als "Stellenwertsystem" von zweiwer – tigen Logiken darzustellen (z.B. eine dreiwertige Logik als Stellenwertsystem von drei, eine vierwertige Logik von sechs zweiwertigen Logiken etc.).

Eben hier begegnen wir einer logisch expliziten Fassung der von Maturana und Varela (s.o.) herausgestellten "logischen Buchhaltung": Theoretisch – formal, also konsistent – zweiwertig lassen sich nur entweder der Bereich interner Strukturveränderungen des Systems oder sein Interaktionsbereich darstellen. Diese beiden zweiwertigen Subsysteme bilden aber mit einem weiteren zweiwertigen logischen Subsystem, über das wir das Medium beschreiben können, das Stellenwertsystem einer dreiwertigen Logik. Be – schrieben wird also auf diese Weise die strukturelle Kopplung von System und Medium über den Interaktionsbereich. Erzeugt wird dieser Vermittlungszusammenhang logisch gesehen eben durch jene Transjunktionen, die wir zunächst als "Abbildung" des zur Beschreibung von Medium und Interaktionsbereich erforderlichen dritten Wertes in die das System beschreibende zweiwertige Logik fassen können. Wie aber der gesamte Vermittlungszusammenhang nur als Stellenwertsystem von drei zweiwertigen Logiken verstanden werden kann, so können auch diese Transjunktionen nur als "Störungen" des zweiwertigen Beschreibungszusammenhangs des Systems experimentell erzeugt, un – mittelbar beobachtet oder auch theoretisch – formal beschrieben werden. Dies ent – spricht aber weitgehend Maturanas Begriff der Perturbation.

Folgt man nun der oben zitierten Feststellung Günthers, so sind autopoietische Systeme

genau darum subjektiv, weil sie sich gegen die (zweiwertig beschreibbare) Determination durch das Medium absetzen, indem sie sich über einen (dreiwertig beschreibbaren)
Vermittlungszusammenhang mit ihrem Medium strukturell koppeln, der im Ergebnis
von (als Transjunktionen beschreibbaren) Perturbationen generiert wird.

Interessante Aspekte für die mathematische Behandlung operational geschlossener
Systeme ergeben sich, wenn man von einer Korrespondenz zwischen der Dualität von
Affirmation und Negation in der klassischen Logik zu der von Relator und Relatum als
Konstituenten einer Relation ausgeht (Günther 1979,203ff). In der klassischen "kognitiven" Interpretation einer Relation werden die Relata der "Realität", die Relatoren
hingegen dem "Subjekt" zugeschrieben. Diese Interpretation entspricht nun aber genau
einer Trivialisierung des kognitiven Systems. Faßt man hingegen das System als operational geschlossen und die Umwelt als triviale Maschine, erscheint die Zuordnung
umgekehrt, nun erzeugt das Subjekt als "Ort" der Relata die Relatoren über die Umwelt, wir sprechen nun von einer "volitiven" Interpretation. Beide Interpretationen
können nun aber nicht ineinander überführt werden. Das ist erst über die Einführung
von mindestens vier logischen Werten in der sogenannten "Proemialrelation" möglich.
Nun kann ein Relatum in einen Relator relativ zu Relata niederer logischer Ordnung
bzw. ein Relator in ein Relatum relativ zu einem Relator höherer logischer Ordnung
transformiert werden. Wir können nun z.B. im Falle des Nervensystems zwei komplementäre Beschreibungen vornehmen und miteinander vermitteln. Interpretieren wir
das Nervensystem volitiv, so erzeugen die Zustände relativer neuronaler Aktivität als
Relata stabile sensorisch – motorische Relatoren über die Umwelt. Über die Proemialrelation können wir nun diese Relata in Relatoren über das Nervensystem transfor-
mieren, die über die Relata des Interaktionsbereiches "kognitiv" erzeugt werden.
Während die erste Relation ausschließlich das Nervensystem in seinen inneren Koordinationen beschreibt, erfaßt die zweite die Interaktionen des Systems. Obwohl sich
Maturana und Günther in ihren wichtigsten Arbeiten nicht selbst aufeinander beziehen
und auch v.Foerster einem anderen formalen Ansatz folgt, ist es möglich, außer den
angedeuteten auch andere wichtige Aspekte der Theorie Maturanas mit Hilfe der
Güntherschen Logik in eine Analysesprache zu übertragen, die nicht nur der Ver-
deutlichung, sondern auch der Weiterentwicklung dieser Theorie dienen kann. Da aber
hierfür, wie für die detaillierte Darstellung der angedeuteten Überlegungen, die Einführung weiterer logischer Begriffe, insbesondere aus der polykontexturalen Logik der
späteren Arbeiten Günthers, erforderlich wäre, muß auf andere Arbeiten (Ziemke
1991a,b) verwiesen werden.

4.4.2 Beobachter und Information

Eng verbunden mit der Unterscheidung von Beobachter und System ist die Ablehnung des Informationsbegriffes für die Beschreibung autopoietischer Systeme durch Maturana (1982, 194): "Begriffe wie Kodierung oder Informationsübertragung gehen nicht in die Realisierung eines konkreten autopoietischen Systems ein, da sie in diesem keine kausalen Elemente darstellen" (vgl.Maturana 1982,58,145f,289).

Diese Ablehnung stellt ihrerseits einen Zentralpunkt der Kritik am Ansatz von Matur – ana dar (Frank 1990; Oeser & Seitelberger 1988,44ff; Jantzen 1983; Erpenbeck 1989). Aus den Ausführungen unter 2.4. bzw. 4.2.2. sollte ersichtlich geworden sein, daß in der Interaktion des Systems mit der Umwelt oder "Kommunikation" zwischen Systemen keine Bedeutung übertragen werden kann. Übertragene Bedeutung kann nur für den Beobachter existieren, der gleichzeitig Zugang zum "Zeichen" des Systems und "Be – zeichnetem" in dessen Umwelt hat. Diese Vorstellung von Information trifft etwa Varelas (1987,130) Kritik am Informationsbegriff in der "Computergestalt": "So wird Information [...] eindeutig zu dem, was repräsentiert wird; und repräsentiert wird eine Korrespondenz zwischen symbolischen Einheiten in einer Struktur und ähnlichen Einheiten in einer anderen Struktur. Berücksichtigen wir dagegen den Autonomieaspekt natürlicher Systeme, dann wird die Computergestalt fragwürdig. Es gibt niemanden im Gehirn, auf den wir uns beziehen können, um Korrespondenzen festzustellen. Wie bei anderen natürlichen Systemen auch, haben wir lediglich bestimmte Regularitäten, die uns als äußere Beobachter interessieren, die wir zugleich Zugang zu den Tätigkeiten des Systems und seinen Interaktionen besitzen".

Diese auf dem am Ansatz von Roth explizierten Begriff der "semantischen Geschlos – senheit" beruhende Ablehnung des Informationsbegriffes trifft nun aber, wie von vielen Kritikern (Frank 1990; Oeser & Seitelberger 1988,44ff) hervorgehoben, nicht den ausschließlich syntaktischen Informationsbegriff Shannons, denn: "Die Behauptung, es werde Information übertragen, heißt nicht, es komme das (oder wenigstens etwas von dem) an, was gesendet wurde, sondern nur: mindestens gelegentlich wäre etwas anderes angekommen, wenn etwas anderes gesendet worden wäre" (Frank 1990).

Im Gegensatz zum Radikalen Konstruktivismus (etwa v.Glasersfeld 1987,90) bleibt jedoch Maturanas Ansatz nicht bei der Ablehnung von Bedeutungsübertragung stehen, sondern betont die Inadäquatheit des Shannonschen Informationsbegriffs zur Beschrei – bung autopoietischer Systeme und lehnt somit die funktionale Trennung von Syntax und Semantik überhaupt ab (Maturana 1982,58; vgl.Schmidt 1982,4).

Der Ansatz zum Verständnis dessen liegt wiederum in der Operationalisierung von System und Beobachter. Der Beobachter kann das System durchaus informationstheo – retisch beschreiben: "Die raumzeitliche Abstimmung der Zustandsveränderungen der gekoppelten Systeme wird vom Beobachter im allgemeinen als semantische Kopplung beschrieben, d.h. so, als ob sie das Ergebnis einer Errechnung der adäquaten Zu – standsveränderungen des autopoietischen Systems (des Organismus) wäre, nachdem dieses die notwendigen Informationen aus der Umwelt eingeholt hat; mit anderen Worten, als ob die Zustandsveränderungen des autopoietischen Systems durch die Umwelt determiniert würden" (Maturana 1982,145f). Was der Beobachter jedoch notwendigerweise im Kontext der Bemerkungen unter 4.2.1. festhält, ist lediglich die Abhängigkeit seiner Unterscheidungen bezüglich des "Outputs" des Systems von seinen Unterscheidungen bezüglich des "Inputs" des Systems.

Vollständig wäre diese Beschreibung nur dann, wenn Beobachter und System die gleichen Unterscheidungen träfen, andernfalls kann dieser Zusammenhang nur sein, als was er allerdings auch ausgegeben wird, nämlich ein statistischer, d.h. ein nur möglicher, nicht wirklicher.

Im Falle lebender Systeme liegt das Wesen dieser Begrenztheit jedoch tiefer. So bemerkt etwa Andler (1985,12): "Lebende Systeme sind natürlich physikalische Systeme und tauschen als solche Information mit ihrer Umgebung [...] aus, aber lebende Systeme können nicht adäquat in Termini von Informationsaustausch beschrieben werden, denn, im Gegensatz zu nicht lebenden Systemen, sind sie mit Leben beschäftigt, d.h. mit dem Überdauern innerer und äußerer Transformationen, und es ist dieser Zweck – zu überdauern – der von Augenblick zu Augenblick in der Entfaltung der Lebensprozesse bestimmt, was als Information für das betreffende System zählt".

Die Inadäquatheit des Informationsbegriffes zur Beschreibung lebender Individuen liegt also darin, daß diese Beschreibung genau von dem abstrahiert, was das Besondere autopoietischer Systeme gegenüber physikalischen Systemen im Allgemeinen ausmacht: nämlich selbst aktiv Unterscheidungen vorzunehmen (vgl. Köck 1978, Ziemke 1990).

Dieser Begriff von operationaler Geschlossenheit impliziert, wie bereits erwähnt (4.2.1.), den der "semantischen Geschlossenheit". In der so aufgewiesenen Identität von Syntax und Semantik löst sich der semiotische Bedeutungsbegriff in einen philosophischen Bedeutungsbegriff auf, der auf der Annahme basiert, daß ein System keine anderen als bedeutsame Unterscheidungen trifft und die Bedeutsamkeit in nichts anderem als den Operationen besteht, die (innerhalb der über die sensorisch – motorische Reziprozität vermittelten operationalen Geschlossenheit) zu dieser Unterscheidung hin – bzw. von dieser wegführen.[52] So wie schon eine Unterscheidung zwischen syntaktischem und semantischem Aspekt der "Information" (oder hier: der neuronalen Aktivitätsmuster) auf der Grundlage des Ansatzes von Maturana auf die in sich unreflektierte Ebene des Beobachters verschoben werden mußte, ist auf der Ebene des Systems auch die Abhebung eines pragmatischen Aspekts nicht möglich. Der Beobachter kann also Lebewesen als autopoietische Systeme oder als informationsverarbeitende Systeme beschreiben. Beide Beschreibungen sind jedoch unverträglich untereinander, konstruieren unterschiedliche Ebenen von Wirklichkeit: Das autopoietische System kann als autopoietisches System nicht informationstheoretisch beschrieben werden.

---

[52] Man vergleiche hier die Unterscheidung von Hergestelltheits – und Brauchbarkeitsaspekt der Bedeutung bei Holzkamp (1985).

5 GATTUNG, SUBJEKT UND AUTOPOIESE

5.1 Der biologische Gattungszusammenhang

5.1.1 Ontogenese und biologischer Gattungszusammenhang

Im letzten Kapitel wurde das In – sich – Aufheben der Randbedingungen des Systems durch das System gezeigt. Doch nicht nur die Aufhebung der Randbedingungen, sondern auch die Aufhebung der Ausgangsbedingungen wurde als notwendig zur vollständigen Beschreibung des Subjekts in seiner historischen Dimension aufgewiesen. Im Hegelschen Begriff der (biologischen) Gattung folgt dieses Aufheben der gleichen Logik von Setzung und Voraussetzung wie die Aufhebung der Randbedingungen als Aneignung des Objekts: Die Geburt des Individuums (als Verdoppelung des vorherigen oder Vereinigung der Gameten) ist "ein Voraussetzen einer Objektivität, welche mit ihm identisch ist" (III,278). Auch diese Voraussetzung gilt es in Produktion zu ver – wandeln. Dies geschieht, auf den heutigen Stand der Wissenschaften projiziert, auf zwei Ebenen: Der Expression der sogenannten "genetischen Information" als Verwirklichung der konkreten Struktur des vorausgesetzten Materials und der Weitergabe dieses Materials in seiner bezüglich des ersten Punktes abstrakten Form als (Re –)Produktion des in Form des elterlichen Genoms vorausgesetzten Genpools der Population.
Hegel (III,279f) faßt lediglich den letzteren Punkt (wer mag es ihm zu seiner Zeit verübeln), wenn er schreibt: "Die Reflexion der Gattung in sich ist [...] dies, wodurch sie Wirklichkeit erhält, indem das Moment der negativen Einheit und Individualität in ihr gesetzt wird – die Fortpflanzung der lebenden Geschlechter".

5.1.1.1 Genexpression als konkrete Produktion des vorausgesetzten Gattungszusam – menhangs

Ebenso wie der kybernetische Systembegriff in der Charakterisierung der System – Umwelt – Beziehung im Determinationszusammenhang dem bloßen In – sich – Auf – nehmen der Bestimmungen aus der Umwelt entspricht, wird in dessen molekularbiolo – gischem Grunddogma von der Aufnahme der Bestimmtheit des Organismus aus der DNA ausgegangen (vgl.2.2.).

Maturana (1982,206) setzt dem zunächst völlig zurecht entgegen: "Die Begriffe des Kodes, der Botschaft und der Informationsübertragung gelten nur für die Verringerung von Ungewißheiten im Prozeß der kommunikativen Interaktionen zwischen vonein – ander unabhängigen Einheiten, und zwar unter Bedingungen, unter denen der Bote als ein willkürliches und nicht eingreifendes Verbindungsglied funktioniert".

Anders als im Falle der Ablehnung des Informationsbegriffes in der System – Umwelt – Beziehung setzt er dann aber fort: "Nukleinsäuren sind dagegen konstitutive Bausteine des Prozesses der Autopoiese und keine willkürlich gewählten Verbindungsglieder zwischen voneinander unabhängigen Entitäten. Im Prozeß der Selbstreproduktion gibt es daher keine Informationsübertragung zwischen voneinander unabhängigen Einheiten. Die reproduzierenden wie die reproduzierten Einheiten sind topologisch unabhängige Entitäten, die durch einen einzigen Prozeß der Autopoiese erzeugt werden, an dem alle Bestandteile in wesentlicher Weise mitwirken" (vgl.Maturana & Varela 1987,78).

Entgegen der, so hat es den Anschein, allein mit der DNA befaßten modernen Genetik, hat dieser Einwand zweifellos seinen Sinn, doch ergeben sich wesentliche Unterschiede der DNA zu allen anderen Zellbestandteilen, wenn der Begriff des "Bestandteils" auch hier streng operational gefaßt wird: Ebenso wie man Autopoiese im Kontext der Produktion von Bestandteilen definieren kann, läßt sie sich auch im v.Försterschen Sinne operationalisiert als "Produktion von Produktion" fassen. Geht man in dieser Fassung im Kontext der Proteinbiosynthese davon aus, die Gesamt – DNA als Be – standteil im vollen operationalen Sinne zu fassen (wie es Maturana zu tun scheint), so setzt man an Stelle des bloßen Aufnehmens der Bestimmungen das bloße Setzen der Bestimmung. Als einzeltheoretisches Korrelat hierzu geht der Zusammenhang verloren, daß das genetische Material seiner Primärstruktur (der Basensequenz) nach nuneinmal tatsächlich identisch mit dem der Mutterzelle bzw. dem der elterlichen Keimzellen ist. Wird diese Identität zugegeben, so ist unter der Prämisse der operationalen Fassung der ganzen DNA das System tatsächlich fremdinstruiert und es müßte, um überhaupt noch von operationaler Geschlossenheit sprechen zu können, Evolution nicht mehr als Prozeß sequentieller Reproduktion, sondern als Ontogenese gefaßt werden (vgl.Ma – turana 1982,207f). Philosophisch wäre über die DNA dann von der "Aufnahme" von Bestimmtheit zu sprechen.

Wie bereits angedeutet, muß, um dieses Dilemma zu lösen, der Hegelschen Logik folgend, die DNA als etwas Vorausgesetztes begriffen werden, welches erst durch die Setzung des Systems seine Wirklichkeit erhält.

Das einzeltheoretische Korrelat findet diese Forderung einmal in dem molekularbiolo –

gischen Allgemeinplatz (den ja auch Maturana betont), daß an der Transkription, Translation und Proteinfaltung eine riesige Anzahl von Proteinen und anderen Zell – bestandteilen unmittelbar (und eigentlich die ganze Zelle bzw. der ganze Organismus mittelbar) beteiligt ist, und andererseits vor allem darin, daß diese Prozesse entspre – chend der epigenetischen Regulation vom Organismus als Ganzem in seiner konkreten topo – und chronobiologischen Organisation bestimmt sind, so daß in einer bestimmten Zelle eines mehrzelligen Organismus immer nur ein verschwindend kleiner Anteil der DNA transkribiert wird, also Bestandteil im operationalen Sinne ist.[53] Der Organismus setzt also jeweils nur bestimmte Abschnitte der DNA voraus und setzt diese als "Gene", produziert das Genprodukt.

Erst in dieser streng operationalen Fassung der DNA als "Bestandteil" ist von einer Aufhebung der Bestimmtheit des Organismus über die DNA (natürlich wieder nur auf der Beschreibungsebene des Systems) und somit einer Ablehnung des Informations – begriffes zu sprechen und die abstrakte Gegenüberstellung von Watson – Crick – und Prigoginian Form der genetischen Information (vgl.3.2.2.) zu überwinden.

5.1.1.2 Fortpflanzung als abstrakte Reproduktion des vorausgesetzten Gattungszusam – menhangs

Das Molekularbiologische Zentraldogma behält seine Geltung natürlich in der Hinsicht, daß die Veränderungen des Phänotyps keine (oder wenigstens nur abstrakte[54]) un – mittelbare bestimmende Wirkung auf die Basensequenz der in die nächste Generation übertragenen DNA hat; denn die Logik der Setzung und Voraussetzung bezieht sich neben der eben angedeuteten auf eine weitere Ebene der Konstruktion des genetischen Materials, in welcher dieses im Verhältnis zu der ersteren Ebene abstrakt bestimmt ist, d.h. gleichgültig gegen die zu exprimierenden Gene.

Die eben bestimmte Voraussetzung wird auf dieser Ebene in zweierlei Weise in Pro – duktion verwandelt, indem die DNA als ganze reproduziert wird: (1) Durch ein System

---

[53] Entgegen dem auf die Primärstruktur der DNA, RNA, Proteine reduzierten molekularbiologischen Zentraldogma findet so in der Modifikation der Regula – tionszentren der Gene und der höheren Strukturebenen ein wesentlicher Infor – mationsfluß in die Gegenrichtung statt, wie aber auch Riedl (1975) und Wuketits (1988) mehrfach bemerken.

[54] Eine solche "abstrakte" Wirkung ist etwa die streßbedingte Erhöhung von Mutationsfrequenzen.

von Reperaturenzymen produziert die Zelle die (relative) Identität der DNA hinsicht –
lich ihrer Basensequenz gegen das "Verrauschen" der Information.

(2) Durch die Fortpflanzung des Organismus unter Replikation und Weitergabe seiner
DNA wird die ursprünglich "vorausgesetzte" DNA in (relativ) identischer Form[55] (re –
)produziert. Durch die Einführung der Logik von Setzung und Voraussetzung läßt sich
der Begriff der "sequentiellen Reproduktion" bei Maturana (1982,206ff) folgenderma –
ßen konkretisieren: Der Einschluß der DNA in die operationale Geschlossenheit der
Zelle folgt der gleichen Logik wie strukturelle Kopplungen mit dem Medium, aber
einer anderen Logik als der der Einbeziehung anderer "Zellbestandteile" (die nur
konkret und nicht im Verhältnis dazu abstrakt produziert werden, d.h. nur dann vor –
handen sind, wenn sie ontogenetisch funktional sind). Der Organismus koppelt also
strukturell mit seiner DNA. Durch die relative Identität des genetischen Materials
zwischen Elternorganismen/Mutterzellen und Nachkommen kommt es zwischen jenen
über die Weitergabe des genetischen Materials zu (zeitlich versetzten) koontogeneti –
schen Kopplungen. Die logische Grenze entspricht also in diesem Falle nicht der
topologischen Grenze – sicher der wesentlichste Beweggrund für Maturana, eine
solche Differenzierung nicht vorzunehmen.

Der Genpool der Population auf molekularer Ebene oder das über "gattungsnormales"
Verhalten realisierte Netz der Fortpflanzungsbeziehungen auf der Verhaltensebene
stellt demzufolge einen den biologischen Gattungszusammenhang vermittelnden kon –
sensuellen Bereich dar.

Entgegen Maturanas (1982,204) Auffassung zur Entbehrlichkeit der Fortpflanzung bei
der Kennzeichnung der lebenden Organisation wäre festzustellen, daß das lebende
Individuum "als konkrete Totalität identisch mit der unmittelbaren Objektivität" erst
unter Einbeziehung der seine Voraussetzungen reproduzierenden Fortpflanzung ist.

Vom formalen Standpunkt aus wäre also tatsächlich zu überlegen, ob das Maultier nicht
vielleicht nur im Sinne einer schlichten Alltagslogik ein Lebewesen ist (Maturana &
Varela 1987).

Doch stellt sich diese Frage "für" die wirklichen Organismen (oder zumindest alle
bekannten – Maturana 1982,209f) in ihrer realen Bestimmung nicht; denn selbst das
Maultier folgt den Antrieben des Sexualverhaltens, "sucht" also seine Voraussetzung in
Setzung zu verwandeln.

---

[55] Relativ identisch bedeutet, daß (evolutionär) optimierte Mutationsfrequenzen
und Rekombinationsmechanismen eine systemimmanent bestimmte Variabilität
des genetischen Materials als Entwicklungsvoraussetzung gewährleisten.

Allgemein läßt sich sagen, daß die Verhaltensweisen, welche die Reproduktion des Netzes der Fortpflanzungsbeziehungen der Population realisieren, immanenter Bestandteil des im Rahmen der Autopoiese reproduzierten Netzes der Operationen des individuellen Systems sind. Auch diese Operationen sind jedoch über streng selbstreferentielle Wertkriterien vermittelt, so daß sie einerseits vom ganzen Organismus definiert sind und sie andererseits keinen unmittelbaren Zugang zum Erfolg der "differentiellen Reproduktion" (Maturana 1982,208) haben.[56] Wie zum Interaktionsbereich, so hat auch zu diesem "konsensuellen Bereich" wiederum nur der Beobachter Zugang, der den "Erfolg" des Fortpflanzungsverhaltens bewerten kann.

5.1.2 Die Phylogenese des biologischen Gattungszusammenhangs – einige Konsequenzen

5.1.2.1 Strukturalismus und Funktionalismus

Lambert & Hughes (1986) weisen auf eine fundamentale Dichotomie im biologischen Denken hin, die sie mit einer Stichwortstudie belegen, in der sich zwei, einander kaum überlappende Cluster ergeben:
(1) die dem Strukturalismus zugeordnete: "whole", "organic", "organism", "interaction", "context", "structure", "organisation";
(2) die dem Funktionalismus zugeordnete: "function", "purpose", "character", "fit", "adaption", "natural selection".
So verwendet Maturana bis auf "whole" sämtliche dem Strukturalismus zugeordnete Stichworte und lehnt die funktionalistischen Begriffe "function" und "purpose" (wohlgemerkt im Sinne der äußeren Zweckbeziehung) als ausschließlich dem Bereich der Beschreibungen zugehörig ab und verweist "fit", "adaption" unsd "natural selection" in einen anderen Phänomenbereich als den der Autopoiese. Nun macht es natürlich keinen Sinn, Vorstellungen, die sich bislang in dualistischen Denkstilen gegenübergestanden haben, nun als dualistische Pole einer Theorie zu fassen, sondern es geht darum, deren Vermittlung zu zeigen. Maturana & Varela (1987,103ff) versuchen diese über das Konzept des "natürlichen Driftens". Im Kontext dieses auch von Roth (1986b, 159ff; 1987b,276ff) betonten und der Neutralitätshypothese Kimuras auf molekular

---

[56] Es scheint so selbstverständlich, daß sich Organismen so nicht an einem "Fitnessprofil" orientieren können, wie Bischof (1989) meint.

biologischem Niveau verwandten (Kimura 1982; Wuketits 1988,105ff) Konzepts wird von verneherein die Prämisse der "scharfen Selektion" in der synthetischen Theorie in Frage gestellt (vgl. Eigens Konzept unter 3.2.1., dem unter 3.4. ökologische Invalidität unterstellt wurde, die nun thematisiert werden kann) und stark relativiert.

Neben der größeren Rolle der Zufallsdrift sollten im Anschluß an 5.1. die Konse – quenzen jener Sichtweise auf den Gattungszusammenhang bezüglich der Diskussionen zu den deterministischen Faktoren von Evolutionsprozessen interessieren. Da aber auch diese Thematik über die Bestimmung des Subjektbegriffes im bearbeiteten Theorien – kontext hinausgeht, kann sie hier nur beiläufig angedeutet werden.

5.1.2.2 (Neo –)Lamarckismus vs. (Neo –)Darwinismus/Synthetische Theorie

Gegenüber den auf die darwinsche Linie der Evolutionstheorie zurückgehenden An – sätzen stellt Lamarck und ein Teil seiner unter der Strömung des Neolamarckismus zusammengefaßten Nachfolger (von denen nicht zufällig der für den Radikalen Kon – struktivismus so wichtige J.Piaget (1974) der prominenteste sein dürfte) die Tätigkeit der Organismen als bestimmendes Prinzip der Evolution von Organismen heraus, indem der Vererbung erworbener Eigenschaften vermittelt über den Gebrauch und Nicht – gebrauch von Organen die entscheidende Rolle zugeschrieben wird (vgl. Wuketits 1988, 35ff, 52ff).

Wenn sich heute auch mit einiger Sicherheit sagen läßt, daß diesen Faktoren keine qualitativ – bestimmende Funktion bei der Erzeugung genetischer Variabilität zukommt, sollte im Kontext der letzten Kapitel gefragt werden, inwieweit ihnen überhaupt eine Rolle in der aktiven Bestimmung der Entwicklung des biologischen Gattungszusam – menhangs zugesprochen werden kann.

Sowohl das Moment der Voraussetzung als auch das der Setzung kann sich phylogene – tisch verändern. Da der Organismus aber nur das produzieren kann, was er zunächst vorausgesetzt hat, das Voraussetzen immer das erste Entwerfen einer später zu produ – zierenden "gattungsnormalen Umwelt" ist, läuft das über den Unterschied von Setzen und Voraussetzen gefaßte ganzheitlich – dynamische Moment als Vermittlung von Organisation und Struktur in der in sich reflektierten Zweckbeziehung (4.3.2.) den einzelnen zu seiner Produktion erforderlichen partikulär – strukturellen Mittelfunktio – nen voraus (um etwa mit Lorenz zu sprechen: der Hirsch stößt nicht, weil er ein Geweih hat, sondern hat ein Geweih, weil er mit dem Kopf stößt). Diese Veränderung der Wertungsstruktur läßt sich als Fluktuation vorstellen, die ähnlich einer Perturbation auf organismischem Niveau die durch die Aktivität der Individuen gerichtete Evolution auslösen: Im Produzieren der neuen Voraussetzungen setzen die Indivuduen in ihrem Populationszusammenhang ihrerseits die für den Erfolg dieses Produzierens notwendi – gen Gene voraus und üben so dahingehend einen Selektionsdruck auf den Genpool der Population aus, als jeweils die Individuen überleben, die Träger der von ihnen vor – ausgesetzten Gene sind.

Einer solchen Auffassung entspricht die in der Evolutionsbiologie zunehmende Ten – denz, ökologische Nischen als von den Populationen selbst geschaffen zu verstehen.[57] Auf diese Weise kann, wie unter 4.2.4.2. angekündigt, auch die Historizität der Inter – aktion von sensorischem und motorischem System auf die Phylogenese ausgedehnt werden.

Entsprechend diesem "Vorauslaufen" der Voraussetzung vor der Produktion setzen solche Verhaltensleistungen immer auch sensorische "Qualitäten" voraus, die über den durch die Individuen selbst erzeugten Selektionsdruck produziert werden. In diesem Sinne produzierten etwa die Primaten ihre Fähigkeit zur Farbwahrnehmung indem sie (im Sinne einer ultimaten Verursachung) sich vorwiegend von Früchten ernährten und so die sensorischen Qualitäten zur Unterscheidung ihres Reifezustands voraussetzten (vgl. Altman 1989). Auf dem jetzigen Stand der Neurowissenschaften ist es natürlich schwer zu sagen, wie die phylogenetische Historizität der sensomotorischen Reziprozität in der systemischen Struktur selbst aufgehoben ist. Eine hilfreiche Spekulation könnte sein, sich eine Art "Einfaltung" der sensomotorischen Schleifenstrukturen via Umwelt zu internen Schleifenstrukturen wie die unter 2.2.3.2. oder 4.2.1. genannten vorzustellen – hier wären selbstverständlich vergleichende Untersuchungen zu Rate zu ziehen.

5.1.2.3 Gradualismus vs. Punktualismus

Diese Ausführungen führen nun direkt zu der in der modernen Diskussion zur Evolu – tionstheorie weit aktuelleren Kontroverse zwischen den Vertretern des Gradualismus der synthetischen Theorie, also der Annahme einer allmählichen Veränderung der Phänotypen im Verlauf der Evolution (etwa Mayr 1982; 1985) und denen des Punktu – alismus, der Annahme eines Wechsels von längeren Phasen der Stasis und kurzen Entwicklungsschüben, die auf Untersuchungen an Fossilmaterial (Gould 1982a;1990),

---

[57] Diese Sicht tritt an die Stelle des Bildes von der "Nische, die darauf wartet, mit Leben erfüllt zu werden" (Lewontin 1982).

aber auch vergleichenden Studien (Wake et al. 1983; Roth 1986a,203ff; 1986b,159ff; 1987b,276ff) beruht.

Der Gradualismus resultiert aus einer Kombination eines adaptionistischen Entwicklungskonzepts (vgl.2.2.1.) mit "atomistischen" Vorstellungen der Organisation von Lebewesen: "Die Evolutionsbiologie beruht heute auf der Annahme, daß Morphologie, Physiologie und Verhalten eines Lebewesens Lösungen für Probleme sind, die die Umwelt dem Lebewesen gestellt hat. Man zerlegt das Lebewesen gewissermaßen in Teile, von denen jedes als Produkt eines Anpassungsprozesses betrachtet wird" (Lewontin 1982). Diesem Atomismus auf der Ebene des Phänotyps entspricht der genetische Determinismus auf der Ebene des Genotyps.

Während aus diesem Bild der Organisation des Lebendigen heraus lediglich allmähliche Veränderungen im Verlauf der Evolution denkbar sind, beruht das punktualistische Paradigma auf einem dynamischganzheitlichen Bild des Organismus, das sich bezüglich des Problems der Stasis im Kontext des vorangehend untersuchten Gattungszusammenhangs wie folgt darstellen läßt: Das ganzheitlichdynamische Moment der Setzung/Voraussetzung als Totalität der in sich reflektierten Zweckbeziehung stellt ein in der Evolution relativ unveränderliches "Organisationsmuster" (Maturana 1982,208) dar, da es über die genetische Variabilität aus zwei Gründen kaum beeinflußt werden kann:

(1) Dieser ganzheitliche Zusammenhang ist bereits auf relativ "niedrigem" Entwicklungsniveau in starkem Maße epigenetisch reguliert (Roth 1986a,205; 1986b, 167; 1987,278).

(2) Mutationen, die so gravierend sind, daß sie Einflüsse auf das Organisationsmuster haben, sind in der Regel Letalmutationen.[58]

Es treten also höchst selten neue "Prinziplösungen" auf, die ein neues Organisationsmuster als dynamischvoraussetzendes Moment des Verhaltens bedingen würden. Diese "Prinziplösungen" stellen dann jedoch keinesfalls Lösungen dar, die dem Beobachter als besonders gut angepaßt erscheinen würden. Vielmehr stellen sie genau die "Fluktuationen" dar, die im Sinne von 5.1.2.2. Auslöser der SelbstSelektion der Population durch die Produktion der neuen Voraussetzung durch die Individuen der Population darstellen.

Über die selektierende Wirkung des Verhaltens der Individuen der Population stellt sich so relativ schnell das neue Gleichgewicht im Sinne Goulds & Eldridges, aber auch

---

[58] Man vergleiche hier das Konzept der "inneren Selektion" bei Riedl (1975).

Piagets ein.

Zieht man in Betracht, daß auch die quantitative Bestimmung der Variabilität selbst eine Leistung der Organismen ist, erweist sich auch die Entwicklung des biologischen Gattungszusammenhangs als konsequente Selbstentwicklung der Gattung, für deren Beschreibung sowohl die inneren Zweckbeziehungen der Organismen als auch die von ihnen vollzogene Bestimmung der Rand – und Ausgangsbedingungen bedeutsam ist.

5.2 Der menschliche Gattungszusammenhang

5.2.1 Die formale Bestimmung

Wie bereits angedeutet, setzen lebende Individuen bei ihrer Geburt mit dem Genpool der Population immer auch das gattungsnormale Verhalten der anderen Individuen der Population voraus (so etwa das Brutpflegeverhalten der Eltern oder den Empfang tradierten Wissens), wobei jedoch konsequent diese Voraussetzungen vom Standpunkt der Systembeschreibung produziert werden müssen.

Doch auch für diese Art von "Gattungszusammenhängen" gilt wie schon für den Bezug auf den Genpool als konsensuellem Bereich: "Die Gattung ist zwar die Vollendung der Idee des Lebens, aber zunächst ist sie noch in der Sphäre der Unmittelbarkeit; diese Allgemeinheit ist daher in einzelner Gestalt wirklich – der Begriff, dessen Realität die Form unmittelbarer Objektivität hat. Das Individuum ist daher an sich zwar Gattung, aber es ist die Gattung noch nicht für sich; was für es ist, ist nur erst ein anderes lebendiges Individuum" (III,279).

Eben diese unmittelbar – interindividuelle Beziehung (Eltern – Nachwuchs, Männchen – Weibchen, "Vormacher" einer tradierten Verhaltensweise – "Nachmacher" derselben) gilt es im menschlichen Gattungszusammenhang aufzuheben, der ein Allgemeines darstellt, auf das sich das Individuum als Gattungswesen bezieht, indem es sich auf sich selbst bezieht: "Die Idee, die als Gattung an sich ist, ist für sich, indem sie ihre Beson – derheit, welche die lebendigen Geschlechter ausmachte, aufgehoben und sich damit eine neue Realität gegeben hat, welche selbst einfache Allgemeinheit ist; so ist die Idee, welche sich zu sich als Idee verhält, das Allgemeine, das die Allgemeinheit zu seiner Bestimmtheit und zu seinem Dasein hat – die Idee des Erkennens" (III,280).

Da sich für Hegel das Problem der tierischen interindividuellen Beziehung über die Fortpflanzung hinaus nicht stellt, so ist aus dieser Sicht das Phänomen nicht zugänglich, welches Maturana mit dem Begriff des "sprachlichen Bereiches" beschreibt: "Wenn die gekoppelten Organismen zu plastischem Verhalten befähigt sind und ihre jeweiligen Strukturen durch kommunikative Interaktionen permanent modifiziert werden, kon – stituieren die einander entsprechenden Abfolgen der Strukturveränderungen [...] zwei historisch ineinander verzahnte Prozesse der Ontogenese, die einen ineinandergreifen – den konsensuellen Bereich des Verhaltens erzeugen, der durch seinen Erzeugungs –

prozeß abgebildet wird" (Maturana 1982,222). Der sprachliche Bereich stellt so prak –
tisch den "Querschnitt" von kommunikativem und ontogenetischem Verhaltensbereich
dar (Maturana & Varela 1987,224).

In dieser, etwa dem ethologischen Begriff der "Tradierung" entsprechenden (obwohl das
Maturana nicht expliziert) Form des Gattungszusammenhangs hat dieser schon in
gewisser Hinsicht ein Für – das – Individuum – sein der Gattung erreicht, indem das
"gattungsnormale Verhalten" in einer Form modifiziert wird, die sich zum gattungs –
immanenten Allgemeinen erhebt, so daß sie unter Umständen von Verhaltensweisen,
die im Bezug auf den Genpool organisiert werden, ununterscheidbar wird – ohne daß
dieser Zusammenhang allerdings die Unmittelbarkeit verlassen hat, jede tradierte
Verhaltensweise immer die Erfindung eines Individuums ist, die von Individuum zu
Individuum weitergegeben wird.

Seine reife Reflexion erreicht der menschliche Gattungszusammenhang bei Maturana
erst in der Entwicklung des sprachlichen Bereiches zur Sprache, d.h. dann, "wenn die
Operationen, in einem sprachlichen Bereich zur Koordination von Handlungen in
Hinsicht auf Handlungen führen, die zum sprachlichen Bereich selbst gehören" (Ma –
turana & Varela 1987,226; vgl. Maturana 1987b,109). Durch diese Koordinationen ist
die Unmittelbarkeit der interindividuellen Beziehung aufgehoben: Individuen beziehen
sich über die Sprache als gattungsimmanentes Allgemeines auf sich selbst als Gat –
tungswesen. Sprache als System ist nicht mehr individuell hervorgebracht, sondern in
einem Netz von Aneignungs – und Entäußerungsprozessen gattungsimmanent produ –
ziert, und sie wird in ihrer reifen Form, der Schrift, nicht mehr unmittelbar – interindi –
viduell, sondern vermittelt weitergegeben.

Wie die Besonderheit der Individuen bei Hegel "aufgehoben" im doppelten Sinne
(I,124; Hegel 1987,91) ist, so daß deren Individualität immer "aufbewahrt" bleibt, so gilt
auch bei Maturana & Varela (1987,212) für die Sprache, wie für Kommunikation
überhaupt: "Jede Person sagt, was sie sagt, und hört, was sie hört, gemäß ihrer eigenen
Strukturdeterminiertheit; daß etwas gesagt wird, garantiert nicht, daß es auch gehört
wird. Aus der Perspektive des Beobachters gibt es in einer kommunikativen Interaktion
immer Mehrdeutigkeit. Das Phänomen der Kommunikation hängt nicht davon ab, was
übermittelt wird, sondern von dem, was im Empfänger geschieht. Und das hat wenig zu
tun mit 'übertragener Information'".

Die gleiche reflexive Form des menschlichen Gattungszusammenhangs findet sich auch
bei Marx und Engels (1983,30) in der Sprache (und wie sich zeigen wird, nicht nur in
dieser 5.2.3.), wenn sie schreiben: "Die Sprache ist so alt wie das Bewußtsein die

Sprache ist das praktische also auch für andere Menschen existierende, also auch für
mich selbst erst existierende wirkliche Bewußtsein".
Stimmen also die Begriffe des Gattungszusammenhanges bei Maturana, Hegel und
Marx ihrer logischen Form nach überein, so soll im Folgenden expliziert werden,
inwieweit sie sich inhaltlich unterscheiden und somit unterschiedliche Bereiche inter –
subjektiver Interaktionen dieser zunächst formalen Bestimmung real subsumiert werden.

5.2.2 Die reale Bestimmung

5.2.2.1 Sprache als theoretische Idee

Maturana und Varela (1987,229) beschränken den Begriff des menschlichen Gattungs –
zusammenhangs seinem Inhalt nach auf die Sprache, wenn sie schreiben: "Wir mensch –
liche Wesen sind nur in der Sprache menschliche Wesen". Das bedeutet wiederum
nicht, daß Menschen nicht auf andere Weise Wirklichkeiten konstruieren würden, doch
gelingt es nach dieser Auffassung nur in der Sprache, ein gattungsimmanentes All –
gemeines zu produzieren. Gesellschaft wird somit durch Sprache konstituiert, gesell –
schaftliche Entwicklung als Entwicklung von Sprache.
Auf entsprechende gesellschaftstheoretische Ansätze, wie sie von N.Luhmann (1987,
1990) und P.Hejl (1982), aber auch ansatzweise von Maturana selbst (1987b) vorgelegt
wurden, kann in dieser auf die Problematik des individuellen Subjekts konzentrierten
Arbeit ebensowenig eingegangen werden wie auf die Frage, ob gesellschaftliche Systeme
als autopoietische Systeme 3.Ordnung verstanden werden können.
Das Problem der Erkenntnis betreffend, schließt die Sprache insofern den Kreis dieser
Arbeit, als sie verbunden ist mit der Einführung des Beobachters, dessen Standpunkt
jeweils zur Reinterpretation der vorgestellten systemtheoretischen Ansätze (2.5.,3.4.,4.4.)
expliziert wurde; denn: "Alles, was gesagt wird, wird von einem Beobachter zu einem
anderen Beobachter gesagt, der er selbst sein kann" (Maturana 1982,276). Auch Ma –
turanas Zugang erlaubt die Reinterpretation eines repräsentationistischen Zugangs:
"Wenn Sprache entsteht, dann entstehen auch Objekte als sprachliche Unterscheidungen
sprachlicher Unterscheidungen, die die Handlungen verschleiern, die sie koordinieren"
(Maturana & Varela 1987,226). Günther betont entsprechend, daß unsere Sprache stets
’Positiv – Sprache’ ist, "also eine Sprache, die auf Direktheit und Unmittelbarkeit zielt,
eine Sprache, die gestattet die Wahrheit des Seins zu denken". Der repräsentationisti –
sche Zugang ist so eine notwendig entstehende Metapher, denn: "Immer dann, wenn das

Thema des Denkens nicht mehr das Sein ist, wird jene ontische Metaphorik gebraucht"
(Oberheber 1990,33f).

Maturana (1987a,109) setzt dem entgegen: "Beschreibung ist in konstitutiver Weise
nicht Beschreibung von Etwas, sondern ein Verhalten in einem konsensuellen Bereich,
in dem die Beschreibungen nur Operationen innerhalb des konsensuellen Bereichs
konnotieren".

Doch auch in der Erkenntnis beschränkt sich die zu konstituierende Allgemeinheit für
Maturana auf die Sprache (also die Theorie oder Methodologie), erstreckt sich nicht auf
die Methode oder das (nichtsprachliche) Erkenntnismittel.

Auf diese Weise abstrahiert Maturana jedoch nicht von einem sozialen Aspekt von
Erkenntnis, wie viele Kritiker auf Grund des von Maturana recht weit gefaßten Ter —
minus "biologisch" meinen (Erpenbeck 1989; Weidhas 1990, Bamme 1989), denn der
Beobachter als Subjekt der Erkenntnis bewegt sich in der die Sozialität konstituierenden
Sprache, so daß sich sagen läßt: "Die von unserem Gehirn konstruierte Wirklichkeit ist
eine soziale Wirklichkeit" (Roth 1987b,254). Erkenntnis ist so für Maturana Konstruk —
tion einer Wirklichkeit in Bezug auf einen Gattungszusammenhang, konsensuell pro —
duzierte Wirklichkeit.

Gemessen am Hegelschen Ansatz bestimmt sich der Gattungszusammenhang bei
Maturana jedoch lediglich als "theoretische Idee" oder "Idee des Wahren", von der
Hegel (III,308) schreibt, sie "verwandelt die objektive Welt zwar in Begriffe, aber sie
gibt ihr nur der Form nach die Begriffsbestimmungen und muß das Objekt nach seiner
Einzelheit, der bestimmten Bestimmtheit finden; sie ist noch nicht selbstbestimmend".
Auch Maturanas Gattungsbegriff bleibt solange partiell auf einer formalen Ebene
stehen, solange das Individuum im Bezug auf Sprache nicht seine (außersprachliche)
Wirklichkeit, d.h. seine (nichtsprachliche) Tätigkeit modifiziert, wie etwa im Falle der
Handlungsregulationstheorie in der Modifikation der sensomotorischen oder perzep —
tiv — begrifflichen Ebene durch die intellektuelle Ebene oder in der Gestaltpsychologie
durch die Einführung von "Schranken" in die motorische bzw. perzeptive Gestaltbildung.

Daß die Sprache mit der Tätigkeit im Allgemeinen vermittelt ist, scheint selbstver —
ständlich, wie aber diese beiden "strukturunverträglichen Bereiche" (Niedersen) ver —
mittelt sind, worin die sprachgebundene Intentionalität (ihre "derived intentionality"
nach Searle 1980) besteht, zeigt Maturana nicht und kann daher auch kein anderes
Allgemeines in der Wirklichkeitskonstruktion der Tätigkeit aufzeigen.

Das gleiche Problem, das hier im systematischen Kontext thematisiert ist, stellt sich
natürlich auch im ontogenetischen: "Das Kind lernt im Lebenszusammenhang sprechen

und es lernt spracherwerbend seinen Lebenszusammenhang" (Schmidt 1990). Wie die Vermittlung von Sprache und Lebenszusammenhang erfolgt oder genauer, wie das System in Bezug auf Sprache Lebenszusammenhänge produziert und aus seinen Le – benszusammenhängen sprachvermittelte koontogenetische Kopplungen mit anderen Systemen produziert, bleibt ein Problem.

Abschließend bleibt in Bezug auf 2.3.5. anzumerken, daß Sprache in der Sicht der Theorie der Autopoiese immer etwas ist, worauf sich ein autopoietisches System bezieht, ohne von ihr determiniert zu werden. Sprache stellt in diesem Sinne in keiner Weise die Grundlage einer atomistisch – regelgeleiteten Aktivität wie im Kognitivismus dar und kann auf Grund der Bestimmtheit der Struktur durch die Organisation auch nicht auf der Regelgeleitetheit durch eine formale Sprache als "tacit knowledge" im Sinne von Chomsky beruhen. In diesem Sinne wäre es sogar fraglich, ob sich mit Pribram (vgl.2.4.1.2.) oder Kohonen (vgl.3.3.2.) sinnvoll von sprachlichen Repräsenta – tionen als kognitiven Oberflächenstrukturen sprechen ließe.

Sprache und die interen Dynamik des Nervensystems sind überschneidungsfrei. "Ein noch so mächtiger Gedanke, eine noch so prächtige Vorstellung, eine noch so ein – leuchtende Einsicht sind keine Kommunikation ... Eine noch so verständnisvolle Kom – munikation, eine noch so mitreißende Mitteilung, eine noch so bedeutungsschwere Information sind keine Gedanken ... Operationale Schließung heißt auch : informa – tionale Schließung. Es gibt nichts als den Versuch, Gedanken an Gedanken und Kom – munikation an Kommunikation anzuschließen" (Becker zit.n.Schmidt 1990). Ebenso wie zwei autopoietische Systeme bei Maturana über einen konsensuellen Bereich analog zu einem Eigenwert ihrer operationalen Struktur in je individueller Form gekoppelt werden, kann auch Sprache und kognitives System nur in ihrer Vermittlung (also über ein "Drittes" im Sinne Hegels und Günthers) gekoppelt werden, indem etwa der "Text" in beiden Systemen operational aufgelöst wird. Das wird möglich, "weil der Text weder zum Bewußtsein noch zur Kommunikation 'gehört', aber sowohl zur Synthetisierung von Kognition wie von Kommunikation benutzt werden kann" (Schmidt 1990). "Regeln", wie formale Strukturen, existieren so nur im Bereich der Sprache. Sprechen wie Hören löst aber die diesen Strukturen im Text zugrundeliegenden Elemente in die (holistische und über die Interaktion von Sensorium und Motorium geschlossene) operationale Struktur des sprechenden oder hörenden Systems auf, indem es nach seinen Bedeutungs – (also Bedeutsamkeitskriterien) seine eigenen Unterscheidungen trifft und somit auch andere Elemente unterscheidet.

5.2.2.2 Praktische und absolute Idee

Für Hegel (III,342f) findet der Begriff die Angemessenheit des Gegenstands noch nicht in der "Idee des Wahren", also der "theoretischen Idee", sondern erst in der "Idee des Guten", der "praktischen Idee", denn erst in dieser steht er "als Wirkliches dem Wirkli – chen gegenüber": "Die Tätigkeit des Zweckes ist daher nicht gegen sich selbst gerichtet, um eine gegebene Bestimmung in sich aufzunehmen und sich zu eigen zu machen, sondern vielmehr die eigene Bestimmung zu setzen und sich vermittels des Aufhebens der Bestimmungen der äußerlichen Welt die Realität in Form äußerlicher Wirklichkeit zu geben. Die Willensidee hat als das Selbstbestimmende für sich den Inhalt in sich selbst". Aus der Sythesis der praktischen und theoretischen Idee ergibt sich bei Hegel die "absolute Idee", d.h. "die vorgefundene Wirklichkeit ist zugleich als der ausgeführte absolute Zweck bestimmt, aber nicht wie im suchenden Erkennen bloß als objektive Welt ohne die Subjektivität des Begriffes, sondern als objektive Welt, deren innerer Grund und wirkliches Bestehen der Begriff ist".

Wie durch die Sprache bei Maturana ist Erkenntnis jedoch auch bei Hegel eine streng subjektabhängige Konstruktion von Wirklichkeit, die jedoch in der vorausgesetzten Identität der Subjekte untereinander in der absoluten Idee den Rang der Objektivität erlangt.

Konstituiert wird diese "Objektivität" durch die (absolute) Methode als wahrhafte Erkenntnis, "als der sich selbst wissende, sich als das Absolute, sowohl Subjektive als auch Objektive zum Gegenstand habende Begriff, somit das reine Entsprechen des Begriffs und seiner Realität, als eine Existenz, die er selber ist" (III,352; vgl.1.). Wäh – rend im suchenden Erkennen "die Methode gleichfalls als Werkzeug gestellt (ist), als ein auf der subjektiven Seite stehendes Mittel, wodurch sie sich auf das Objekt bezieht", so ist sie im wahrhaften Erkennen das "an und für sich Bestimmtsein des Begriffs, der die Mitte nur darum ist, weil er ebensosehr die Bedeutung des Objektiven hat" (III,354). Die (absolute) Methode verhält sich nicht mehr "als äußerliche Reflexion, sondern nimmt das Bestimmte aus dem Gegenstand selbst, da sie selbst dessen immanentes Prinzip und Seele ist" (III,358).

Von dieser fundamentalen Prämisse aus, die sich in der logischen Genesis des Begriffes wiederhergestellt hat,[59] gewinnt Hegel die "Perspektive des Absoluten", von der aus er

---

[59] Auf die historische Entwicklung des Geistes in der Phänomenologie (Hegel

im Rahmen der in dieser Arbeit verfolgten logischen Genese des Subjekts von Objek –
tivität sprechen konnte. Nimmt man dem Hegelschen System seine "Spitze", wie es in
der philosophischen Destruktion seines Systems geschehen ist, so erweist sich alles
"Objektive" als (nur) intersubjektiv, als im Gattungszusammenhang produziertes All –
gemeines, auf das sich die Individuen (selbstreferentiell) beziehen. Aus der absoluten
oder objektiven Perspektive wird die Sicht des Beobachters (genauer gesagt die Sicht
des Hegelianers), die objektive Wirklichkeit wird zur Wirklichkeit des Beobachters, wie
sie schon die subjektive Wirklichkeit des beschriebenen Subjekts in seinem Gattungs –
zusammenhang war. Hegel (1984,I,116f) ist nach wie vor zuzustimmen, wenn er betont:
"Alles Existierende hat deshalb nur Wahrheit, insofern es eine Existenz ist der Idee.
Denn die Idee ist das allein wahrhaft Wirkliche". Doch bestimmt sich die Idee nun nicht
mehr von der Einheit des absoluten Subjekts mit der von ihm entäußerten Objektivität
her, sondern als die Einheit von erkennendem Subjekt in seinem Gattungszusammen –
hang und seinem Objekt. Die Idee ist nicht mehr ideal, sondern interindividuell, nicht
mehr objektiv, sondern intersubjektiv.

Erst in dieser Form schließt sich von der Hegelschen Logik her der Kreis zu den
Reinterpretationen der untersuchten Systembegriffe in dieser Arbeit (2.5., 3.4., 4.4.):
Das Erkenntnisobjekt setzt zu seiner Wirklichkeit das Erkenntnissubjekt voraus. Die
Hegel so oft vorgeworfene, aber tatsächlich jedem Forschungsprozeß immanente
Teleologie ergibt sich in ihrer für die Untersuchung des Lebendigen spezifischen Form
dieser Voraussetzung, die der von v.Förster (1985) festgehaltenen Spezifik biologischer
Erkenntnis entspricht: "Die Sätze der Physik, die sogenannten 'Naturgesetze' können
von uns geschrieben werden. Die Sätze der Hirnfunktionen oder noch allgemeiner die
Sätze der Biologie müssen so geschrieben sein, daß das Schreiben dieser Sätze von
ihnen abgeleitet werden kann, d.h.: sie müssen sich selber schreiben".
Mit der Unmöglichkeit der Theorien kybernetischer und selbstorganisierender Systeme,
sich als "Sätze der Biologie" selber zu schreiben wird der vorausgesetzte Ansatz der hier
vertretenen Kritik nunmit produziert. Rückblickend ist hier weiterhin zu bemerken, daß
somit die "Idee des Wahren" wie die "Idee des Guten" ihre Idealität notwendig verlieren
und nur noch als streng selbstreferentielle Wertkriterien der Systeme/Subjekte bzw.
ihrer konsensuellen Bereiche faßbar sind.

1987) kann hier nicht eingegangen werden.

5.2.2.3 Produktive Tätigkeit als Gattungszusammenhang

Für Marx ist das produktive Leben des Menschen sein Gattungsleben, welches sich im
Produkt der Arbeit vergegenständlicht, so daß der Mensch "sich selbst [...] in einer von
ihm geschaffenen Welt anschaut", indem er sich diese Welt in ihrem sinnlichen Reich –
tum aneignet. So ist das "praktische Erzeugen einer gegenständlichen Welt, die Be –
arbeitung der unorganischen Natur [...] die Bewährung des Menschen als eines bewuß –
ten Gattungswesens, d.h. eines Wesens, das sich zu der Gattung als seinem eigenen
Wesen oder zu sich als Gattungswesen verhält". Der Mensch macht sich die Natur in
der Universalität dieses Verhältnisses zu seinem unorganischen Körper als unmittel –
bares Lebensmittel sowie als Gegenstand und Werkzeug seiner Lebenstätigkeit (Marx
1974,516f). Auf diese Weise ist "die ganze sogenannte Weltgeschichte nichts anderes [...]
als die Erzeugung des Menschen durch die menschliche Arbeit, als das Werden der
Natur für den Menschen" (Marx 1974,546).

Innerhalb dieser produktiven Tätigkeit sind "Religion, Familie, Staat, Recht, Moral,
Wissenschaft, Kunst etc. ... nur besondere Weisen der Produktion und fallen unter ihr
allgemeines Gesetz" (Marx 1974,537).

Wie bereits angedeutet (1.) tritt an Stelle der Gedankenbestimmungen bei Hegel die
sinnlich – gegenständliche Tätigkeit bei Marx, werden die Hegelschen Reflexionsbe –
stimmungen aufgelöst in die Reflexion von Arbeitsmittel, Arbeitsgegenstand und
zweckmäßiger Tätigkeit als Momente des Arbeitsprozesses (Marx 1977a,192ff) und zwar
jeweils in ihrer für je "besondere Weisen der Produktion" besonderen Form. Den
Entwicklungsstand dieser Produktivkräfte kennzeichnet dabei jeweils "am augenschein –
lichsten der Grad, bis zu dem die Teilung der Arbeit entwickelt ist" (Marx & Engels
1983,73 vgl.21f). Das Verhältnis des Menschen zur Natur im Arbeitsprozeß weist damit
immer eine bestimmte historische Form auf, die die Verhältnisse der Menschen unter –
einander betrifft.[60]

Festzuhalten gilt es, daß sich der Gattungszusammenhang der (individuellen) Subjekte
so jedoch in seiner Entwicklung nicht nur über die Sprache erklären ließe, wiewohl
diese auch in der produktiven Tätigkeit eine wesentliche Rolle spielt und zwar sowohl
bezüglich ihrer kommunikativen Rolle im kooperativen Moment der Arbeit, als auch in
ihrer selbstreflexiven Rolle in der Zwecksetzung der Tätigkeit. Doch wird auch durch

---

[60] Auf eine Explikation dieses Entwicklungszusammenhangs muß jedoch auch hier
      verzichtet werden.

das Arbeitsmittel ein gattungsimmantentes Allgemeines etabliert, auf das sich das Individuum in seiner (produktiven) Tätigkeit selbstreferentiell bezieht.

Der von Maturana gekennzeichnete sprachliche Bereich erreicht seine höchsten Formen in der Herausdifferenzierung sozialer Funktionsteilung in Primatenverbänden (vgl. etwa Vössing 1987), in denen der jeweils andere Angehörige des Sozialverbandes als "soziales Werkzeug" dient (Holzkamp 1985,168ff), sowie in der Tradierung gegenstandsbezogener Verhaltensweisen, wie dem Termitenangeln von Schimpansen oder anderen Formen 'präkulturellen Verhaltens' bei Primaten (vgl. Kawai 1965). Die Unmittelbarkeit der interindividuellen Beziehung wird jedoch erst dann durchbrochen, wenn Werkzeuge für die verallgemeinerten Zwecke des Sozialverbandes produziert werden.[61] Dieser werk – zeugvermittelte Gattungszusammenhang über die produktive Tätigkeit entspricht seiner fundamentalen logischen Form nach wiederum der der "Sprache" bei Maturana, die sich phylogenetisch offenbar erst nach der verallgemeinerten Werkzeugherstellung her – ausgebildet hat:

(1) Beide stellen spezifische Formen eines "sprachlichen Bereiches" dar, indem sie modifizierend auf die Ontogenese der Systeme einwirken: So wie die Sprache Orien – tierungsreaktionen auslöst, die zur Neustrukturierung der Handlungskoordinationen des Systems führen, so kann auch die im Mittel vergegenständlichte "Bedeutung" angeeignet werden, indem das System/Subjekt dieses Mittel relativ zu seiner operationalen Ge – schlossenheit als einen neuen "Eigenwert" seiner sensorisch – motorischen Koordina – tionen produziert und zwar zunächst auch ohne "erklärende" oder "einweisende" Ver – mittlung durch Sprache oder Vormachen – mit Leontjews (1975,173) Worten wird so "die menschliche Hand in das gesellschaftlich erarbeitete und im Werkzeug fixierte System von Operationen einbezogen und ordnet sich ihm unter" (wie jedoch hinzuzu – setzen wäre: indem es diese Operationen selbst konstituiert).

(2) Ebenso wie sich in der Sprache Operationen auf andere Operationen beziehen, die selbst zum sprachlichen Bereich gehören, beziehen sich Operationen der arbeitsteiligen produktiven Tätigkeit auf andere Operationen der arbeitsteiligen Tätigkeit, indem in den einen die Mittel für die anderen produziert werden – es entstehen so "aufeinander bezogene Brauchbarkeiten (der Mittel – A.Z.) als gegenständlicher Ausdruck der allmählichen Umwandlung der ... naturwüchsigen Funktionsteilung in kooperative Arbeitsteilung" (Holzkamp 1985,212). Entsprechend läßt sich im Entwicklungskontext

---

[61] Holzkamp (1985,172ff) spricht hier von der "Zweck – Mittel – Verkehrung" als "erstem qualitativem Sprung zur Menschwerdung".

festhalten, "daß der Erwerb kommunikativer Zeichen ungefähr das gleiche Stadium operationaler Evolution erfordert wie die Herstellung von Werkzeugen" (v.Glasersfeld 1987,77).

(3) So wie das "sprachliche Objekt" die Handlungen verschleiert, die es koordinieren (5.2.2.1.), so verschleiert das Mittel die Handlungen, die in ihm vergegenständlicht sind. Auch die Ideologiekritik Marx' an der orthodoxen Ökonomie setzt so an einer formal identischen Konstellation an: Der Fetischcharakter der Ware ist ebenso wesentliches Moment der Entfremdung des Menschen wie das repräsentationistische Weltbild (vgl.5.2.3.).

(4) Mit der Entwicklung des reifen menschlichen Gattungszusammenhangs[62] sind Sprache einerseits und produktive Tätigkeit andererseits nicht mehr trennbar: So wie die zunehmende Arbeitsteilung hin zu "gesamtgesellschaftlichen Handlungsnotwendig – keiten" (Holzkamp 1985) oder zu "Individualitätsformen" (Seve 1972) führt und so zur Vermittlung des völligen Auseinanderfallens der individuellen Wirklichkeiten durch die Sprache zwingt (indem erklärend – einweisend der je individuell neue Wirklichkeits – bereich erschlossen werden kann), gewinnt in der dauerhaften gegenständlichen Fixie – rung der Sprache als Schrift diese auch der Form nach die aufgehobene Unmittelbarkeit in der Vermittlung der interindivduellen Beziehung, die sie bislang nur dem Inhalt nach hatte.

Sprache und produktive Tätigkeit lassen sich so als zwei eng miteinander verflochtene Momente eines den menschlichen Gattungszusammenhang etablierenden konsensuellen Bereiches der Gesellschaftsglieder fassen. Gesellschaftliche Entwicklung ist so wesent – lich Entwicklung dieses durch Sprache und produktive Tätigkeit konstituierten Gat – tungszusammenhangs durch die Handlungen der (individuellen) Subjekte in diesem Bereich.[63]

Was sich von der Produktion im Allgemeinen sagen läßt, ist nun auch für die Wissen – schaft als besondere Form der Produktion zu behaupten. Nicht nur die sprachlich vermittelte Theorie oder Methodologie, sondern auch die sinnlich – gegenständlich vermittelte Methode stellt ein Allgemeines vieler Subjekte (also nicht nur der Objekte)

---

[62] Holzkamp (1985,174ff) spricht hier vom "Umschlag von der Dominanz der Phylogenese zur Dominanz der gesellschaftlich – historischen Entwicklung" als "zweitem qualitativen Sprung zur Menschwerdung".

[63] Luhmann (1990) ist entsprechend dahingehend Recht zu geben, daß sich ge – sellschaftliche Entwicklung so nicht im Phänomenbereich der Autopoiese des individuellen Systems vollzieht.

dar und etabliert so (als "allgemeine Arbeit" im Sinne des Konzeptes von Ruben 1976) ein Moment des Gattungszusammenhangs innerhalb der arbeitsteiligen Produktion.

Doch auch die (empirische) Methode macht die Erkenntnis nicht "objektiv" im Sinne einer Subjektunabhängigkeit von Erkenntnis, wie auch nicht im Sinne einer abstrakten Identität der Subjekte.

Methode und Theorie stehen in einem selbstreferentiellen Bezugsverhältnis: Die Theorie stellt die Kriterien für die Gegenstandsadäquatheit der Methode heraus, die Methode erlaubt nichts anderes als die Konsistenz der aus der Theorie abgeleiteten Aussagen mit den aus der Theorie (bzw. einer Meta – Theorie) abgeleiteten "Objekti – vierungskriterien" nachzuweisen – Methode und Theorie stehen somit in einem geschlossenen Bezugsverhältnis zueinander, in dem beide als Mittel wie als ausgeführter Zweck faßbar sind.

5.3 Die humanistische Perspektive der Gattung

Mit dem durch die Kritik der "absoluten Idee" provozierten Zusammenbruch des Hegelschen Systems (und nicht nur mit diesem) steht der Mensch dem Verlust des "Absoluten" und "Idealen" als einer objektivistischen Perspektive gegenüber und gewinnt gleichzeitig Freiheit und Verantwortung für die Konstruktion einer individuellen und gesellschaftlichen Wirklichkeit (vgl. Schmidt 1986, Portele 1989).

Doch wo liegt das Kriterium für eine humanistische Perspektive dieser Konstruktion, wo doch mit der absoluten Idee die vorausgesetzte Identität der individuellen Subjekte verloren gegangen ist?

Sofern für dieses Problem eine epistemologische Lösung gefunden werden soll, ist der Weg in der Regel die verkappte Rückkehr in die Identitätsphilosophie.

In der marxistischen Tradition findet sich eine solche Lösung bei Holzkamp (1985, 237ff): "Die wesentliche Bestimmung des Bewußtseins in seiner menschlichen Spezifik ist [...] die auf der materiellen Grundlage der gesamtgesellschaftlichen Vermitteltheit individueller Existenzsicherung entstehende 'gnostische' Welt – und Selbstbeziehung, in welcher die Menschen sich zu den Bedeutungsbezügen als ihnen gegebenen Hand – lungsmöglichkeiten bewußt 'verhalten' können" (in Anknüpfung an Marx & Engels 1983,30). Aus diesem immanenten Moment der gesellschaftlichen Natur des Menschen heraus "kommt es zu einer qualitativen Veränderung der Beziehungen der Menschen untereinander: Bewußtes 'Verhalten – zu' ist als solches 'je mein' Verhalten. 'Bewußt –

sein' steht immer in der 'ersten Person'" und weiter: "ich erfasse damit die 'anderen Menschen' generell als 'Ursprung' des Erkennens, des 'bewußten' Verhalten und Handelns 'gleich mir'". Es handelt sich hierbei für Holzkamp um eine "globale Grund – bestimmung von 'Subjektivität' bzw. 'Intersubjektivität', durch welche ich den anderen als gleichrangiges, aber von mir verschiedenes 'Intentionalitätszentrum' in seinem 'Verhältnis' zu gesellschaftlichen Handlungsmöglichkeiten und darin zu sich selbst erfahre".

Wie bei Hegel findet sich hier also die Identität der individuellen Subjekte, die zwar nicht schon vom Anfang aller Tage vorausgesetzt ist, so doch aber vom zweiten quali – tativen Sprung zur Menschwerdung an, und sich so nicht in die Natur als Anderssein dieser Idee, sondern in die Wirren der Klassengesellschaft pathologisch verirrt.

Doch auch an der Quelle des Radikalen Konstruktivismus findet sich die Identitäts – philosophie, wenn v.Glasersfeld (1984,2) die Konstruktion einer kohärent – intersub – jektiven Wirklichkeit aus dem "von sich auf andere schließen" der Individuen, indem sie "'das eigene den anderen unterschieben'" (1987b,416 im Anschluß an Kant) erklärt, und somit die Identität als relatives Apriori voraussetzt, das sich, wenn man sich mit v.Gla – sersfeld auf Piaget (1974,155ff) bezieht, mit der den konkreten Operationen entspre – chenden Moral des Siebenjährigen herausbildet.

Einmal abgesehen davon, daß in den letzten Abschnitten deutlich geworden sein sollte, wie wenig eine abstrakte Identität der Systeme mit Subjektivität vereinbar ist, so ist auch die ethische Perspektive alles andere als eindeutig: Zwar wird in beiden Ansätzen die Objektivität außerhalb des tätigen Subjektbezugs als Maß aller Dinge abgelehnt (wie es gleich aufzugreifen sein wird), doch tritt an die Stelle des "Dings" nun das je – Ich als verkappte (und im Gegensatz zu dieser nicht einmal "konkrete") "absolute Idee". Auf diese Weise werden, wie schon Marx (1974,584) an Hegel kritisiert, die wirklichen Menschen "blos zu Prädicaten, zu Symbolen dieses verborgnen unwirklichen Menschen". Umgekehrt ließe sich dem mit G.Günther (1978,96) wiederum entgegensetzen: "Fehlt aber das universale Subjekt als 'Garant allgemeiner Subjektivität', dann sind wir nicht mehr berechtigt, von dem Ich – Charakter des denkenden Subjekts auf den Ich – Charakter des gedachten Subjekts zu schließen. D.h., für jedes jeweilige denkende Ich ist jedes andere Ich nicht als Ich, sondern ausschließlich als Du (als Objekt der Welt) gegeben" (so daß sich wieder die Frage nach der Differenz von Du und Es ergibt vgl.4.4.1.). Maturana & Varela (1987,265f) lösen das Problem nicht – epistemologisch: "Die Biologie zeigt uns auch, daß wir unseren kognitiven Bereich ausweiten können. Dazu kommt es zum Beispiel durch eine neue Erfahrung, die durch vernünftiges

Denken hervorgerufen wird, durch die Begegnung mit einem Fremden als eines Glei-chen oder, noch unmittelbarer, durch das Erleben einer biologischen interpersonellen Kongruenz, die uns den anderen sehen läßt und dazu führt, daß wir für sie oder für ihn einen Daseinsraum neben uns öffnen. Diesen Akt nennt man auch die Liebe oder, wenn wir einen weniger starken Ausdruck bevorzugen, das Annehmen einer anderen Person neben uns selbst im täglichen Leben". Hier wird das Problem über die Einführung einer nicht – rationalistischen Dimension gelöst, auf die ein rationaler Zugriff wieder nur über die reale Bestimmung des Subjekts (4.3.) möglich ist. Liebe schließt die weitgehende Verschiedenheit der "sich liebenden Systeme" nicht aus, sie reduziert den Anderen nicht auf das "je – Ich", sondern hat im "Annehmen einer anderen Person" wesentlich das Moment der Akzeptanz der anderen Wirklichkeit des anderen.[64]

Die Perspektive ist so keineswegs außertheoretisch, da Maturana & Varela (1987,267) explizit auf die Liebe als "biologische Dynamik mit tiefen Wurzeln" verweisen.

Verabsolutiert wird diese Sichtweise jedoch, wenn Maturana & Varela (1987, 266) meinen, "daß es, biologisch gesehen, ohne Liebe, ohne Annahme anderer, keinen sozialen Prozeß gibt" oder wenn Maturana (1985) schreibt: "Sozialisation ist das Er-gebnis des Operierens in Liebe und sie tritt nur in dem Bereich auf, in dem Liebe auftritt".

Ganz im Gegensatz dazu setzt für Marx mit der reifen Entwicklung der Teilung der Arbeit das Privateigentum und mit diesem die Entfremdung des Menschen ein, so daß nach Marx der "soziale Prozeß" durch alles andere als "Liebe" konstituiert wird:

(1) Im Kapital tritt dem Arbeiter der Gegenstand seiner Arbeit als ein "fremdes Wesen", als "unabhängige Macht" gegenüber.

(2) Die Vergegenständlichung der Arbeit als ihre Verwirklichung wird zur Entwirkli-chung des Arbeiters, wird "Knechtschaft unter den Gegenstand, die Aneignung als Entfremdung, als Entäußerung".

(3) Die Entfremdung vom Gegenstand als "Vergegenständlichung des Gattungslebens des Menschen" entfremdet den Menschen sowohl von seinem Gattungswesen als auch von der Natur als seinem unorganischen Leib. Sein Wesen wird ihm zum Mittel seiner Existenz .

(4) Die Entfremdung des Menschen vom Gattungswesen und Selbstentfremdung bringt die Entfremdung des Menschen vom Menschen mit sich. Der andere Mensch wie die

---

[64] Philosophisch ist das Ganze natürlich nicht neu – auch bei Feuerbach findet sich die Liebe an der Stelle der "absoluten Idee", bei Schopenhauer ist es das Mitleid.

menschliche Gesellschaft sind ihm nicht mehr Zweck, sondern Instrument (Marx 1974,512ff).

(5) Mit der Verwandlung der Vergegenständlichung zur Entäußerung, Entfremdung sinkt die Universalität sinnlicher Aneignung des menschlichen Wesens wie der Natur mit allen physischen und geistigen Sinnen auf den Sinn des Habens zusammen (Marx 1974,540).

Marx sieht die Perspektive zur Überwindung der Unterordnung des Menschen unter seinen Gegenstand im "Communismus[65] als positive Aufhebung des Privateigentums, als menschliche Selbstentfremdung und darum als wirkliche Aneignung des mensch – lichen Wesens durch und für den Menschen; darum als vollständige, bewußt und innerhalb des ganzen Reichtums der bisherigen Entwicklung gewordene Rückkehr des Menschen für sich als eines gesellschaftlichen, d.h. menschlichen Menschen", als "die wahre Auflösung des Streits zwischen Existenz und Wesen, zwischen Vergegenständli – chung und Selbstbetätigung, zwischen Freiheit und Notwendigkeit, zwischen Individuum und Gattung" (Marx 1974,536).

Faßt man Maturanas Perspektive in Form der "Liebe" nicht deskriptiv, sondern nor – mativ, also die Liebe als Konstitutivum wirklich menschlicher Sozialität, so tritt an die Stelle der gesellschaftlich – historischen Perspektive bei Marx eine ethische Perspektive, die heute umso wichtiger ist, als die jüngste Geschichte gezeigt hat, daß die "zivilisato – rische Funktion des Kapitals" (Marx 1977b,827) sich bei weitem noch (?) nicht erschöpft hat.

Andererseits ist Maturanas Biologie der Kogmition in gewisser Hinsicht ein Schritt hin zur Befreiung von einem Moment der Entfremdung des Menschen in kognitiver Hin – sicht.

So wie der "Communismus" für Marx die Perspektive der Überwindung eines Reiches der Notwendigkeit durch ein Reich der Freiheit ist, sollte die Erkenntnis des kon – struktiven Charakters der Wirklichkeit die Voraussetzung für eine ethische Perspektive der Freiheit und Verantwortung sein. Das soziale Konstrukt der "objektiven Realität", nach dem die Menschen sich in ihren Beziehungen untereinander zu richten haben, ist die Grenze jeder Toleranz und individuellen Freiheit, ist die Unterordnung des Men – schen unter die von ihm selbst geschaffene "wirkliche Wirklichkeit", ist Entfremdung in

---

[65] Es erübrigt sich wohl, zu bemerken, daß diese Bestimmung schlichtweg nichts mit dem sogenannten "real existierenden Sozialismus" zu tun hat.

kognitiver Hinsicht. Maturana (1982,29) betont selbst diesen Aspekt der Entfremdung[66]: "Ich glaube, wir verfallen sehr leicht einer grundlegenden Art der Entfremdung: der Suche nach der Wahrheit, nach dem Absoluten; der Suche nach letztmöglicher Stabilität durch Ausschluß allen Wandels, der Sehnsucht nach einer festen und
sicheren Welt, in der alle unsere Wünsche befriedigt werden [...] Wir erfinden stabile
konsensuelle Systeme, die wir als absolute Wahrheiten ausgeben, die gegen jede
Veränderung geschützt werden müssen. Unter Berufung darauf beschneiden und
verachten wir die Individualität von Menschen in anderen konsensuellen Bereichen und
unterwerfen sie damit in systematischer Weise sozialer Ausbeutung, ja, wir erwarten
auch noch, daß sie dies als rechtmäßig akzeptieren. Das ist die stärkste Art der Entfremdung: unsere Blindheit gegenüber der Welt relativer Wahrheiten, die wir selbst
erzeugen". Die Einsicht in den konstruktiven Charakter von Wirklichkeit bringt die
Möglichkeit dieser Konstruktion nach menschlichen Maßstäben mit sich. Diese Perspektive trägt für das Individuum eine bedeutende psychologischtherapeutische
Dimension in sich. So könnte man v.Foersters (1985,10) Bemerkung: "In jedem Zeitpunkt unseres Lebens sind wir frei, auf die Zukunft hin zu handeln, die wir uns wünschen [...] Zukunft wird so sein, wie wir sie sehen und erstreben" geradezu als Motto
der Gestalttherapie oder auch des "positiven Denkens" festhalten. Doch sollte hier auf
interindividueller Ebene auch ein bedeutendes Potential zur Lösung sozialer Probleme
vorhanden sein. Sehr treffend bemerkt v.Foerster (zit.n.Schmidt 1986,2) hierzu: "Die
Anrufung der Objektivität ist gleichbedeutend mit der Abschaffung der Verantwortlichkeit; darin liegt ihre Popularität begründet".
Mit der möglichen Überwindung der kognitiven Unterordnung des Menschen unter
seinen Gegenstand erwächst der Imperativ der Toleranz, indem der andere Mensch
nicht mehr am Maß der (je)meinen Wirklichkeitskonstruktion gemessen werden
kann, sondern in seiner Wirklichkeit akzeptiert werden muß; gleichzeitig stellt sich als
Imperativ der gemeinsamen Konstruktion von Wirklichkeit das "Annehmen einer
anderen Person".
Andererseits bietet sich als individuelle Lebensperspektive die Befreiung von den
"Idolen" einer sozialen, also nach Maturana & Varela (1987,261) immer konservativen,
verdinglichten Wirklichkeit.
Wenn diese Perspektive auch radikal wie kaum eine andere Sicht zuvor die Abstraktheit

---

[66] Nach Porteles (1989,136) Auffassung ist er sich dabei der marxistischen Bedeutung des Begriffes durchaus bewußt.

des Menschenbildes überwunden und die Subjektivität des Menschen betont hat, bleibt auch sie eine aufklärerisch – imperativistische Appellation an die Vernunft des Men – schen – ihre gesellschaftliche Perspektive liegt demzufolge der Kritikrichtung, wenn auch nicht dem Begründungszusammenhang nach, sehr nahe an einem durch "Bewußt – seinswandel" herbeigeführten "New Age". Nicht zufällig nennt Capra Maturanas Theorie die Erkenntnistheorie des "Neuen Zeitalters" (Bamme 1989;1990). Ob eine solche Sicht eine historische Perspektive hat, muß hier dahingestellt bleiben.

6 Menschenbild, Wirklichkeit und Wissenschaft

Welche Konsequenz hat nun aber für Wissenschaft im Allgemeinen die Revision des Wirklichkeitsbegriffes und für Biologie und Humanwissenschaften im Besonderen die Konzeption eines einzelwissenschaftlich – metatheoretischen Subjektbegriffes? Zunächst ist Wissenschaft nicht mehr die adäquate Methode zum "Abbilden" der "objektiven" Realität, sondern lediglich eine besondere Weise der sozialen Konstruktion von Wirk – lichkeit. Die Wissenschaft erhält ihre Auszeichnung gegen andere Weisen dieser Wirklichkeitskonstruktion in ihrer Kombination von methodischem Vorgehen und empirischer (sinnlich – gegenständlicher) Wirklichkeitskonstruktion, wodurch die Etablierung exakt definierbarer und interindividuell reproduzierbarer konsensueller Bereiche in ihrer menschlichen Spezifik möglich wird: "Empirisches Wissen ist Wissen, das wir mit anderen teilen" (Schmidt 1987,37).
Praktische Konsequenz dieser Feststellung ist, daß sich Wissenschaft nicht mehr primär an "Objektivierungskriterien" zu messen hat, sondern an Kriterien für Intersubjektivität, wobei die ersteren in den letzteren in reformulierter Form enthalten sind. Als erste Annäherung an solche Kriterien können die von Rusch (1985,285) aufgestellten dienen:
" – die Ziele des Wissenserwerbs müssen explizit sein, ihre Verfolgung sollte als sinnvoll oder nützlich plausibel gemacht werden können;
– es müssen explizite Bedingungen dafür angegeben werden, wann ein Ziel erreicht gilt;
die zielorientierten Strategien, Verfahren u.s.w. müssen (sprachlich) explizierbar und in geeigneter Form dokumentiert sowie intersubjektiv lehr – und lernbar sein;
– die entwickelten Strategien und Verfahren müssen daraufhin geprüft werden, ob die intendierten Ziele durch ihre Anwendung in entsprechenden Handlungszusammen – hängen intersubjektiv erreicht werden können;
– diese Prüfverfahren müssen intersubjektiv ausführbar, lehr – und lernbar sowie intersubjektiv zugänglich dokumentiert werden."
So sollte an die Stelle von "Wahrheit", "Realität", "Adäquatheit" und "Korrespondenz" als Grundwerte der orthodoxen Wissenschaften "Glaubwürdigkeit", "Verläßlichkeit", "Interessantheit", "Orientierungsvorteil" und "Toleranz" als Werte einer neuen Wissen – schaft treten (Schmidt 1986,8). Konstruktivistische Wissenschaft stellt also keinen Abschied von Empirie dar, sondern berücksichtigt lediglich, daß alle empirischen

Forschungsergebnisse begrenzte Gültigkeit für einen über das Wechselspiel von Theorie und (empirischer) Methode definierten Bereich der Beobachtung haben. Konstruktivi - stische Wissenschaft braucht ebensowenig auf exakte oder, wenn man so will, "absolute" Aussagen zu verzichten, wenn nur der Bereich, für den diese Aussagen Geltung be - anspruchen, intersubjektiv nachvollziehbar expliziert wird.

Auf Grund dieses hohen Grades an explizierbarer Intersubjektivität stellt Wissenschaft zweifellos eine wesentliche operationale Grundlage dar, auf die sich andere Weisen der gesellschaftlichen Wirklichkeitskonstruktion ihrerseits beziehen. Doch auch Wissenschaft bezieht sich selbst auf eben diese: "Wissenschaft taugt nicht für Letztbegründungen, sie ist nur eine unter vielen Formen menschlichen Denkens und keineswegs die beste oder überlegenste" (Schmidt 1986,10). Als Moment der gesellschaftlichen Wirklichkeitskon - struktion ist sie durch diese ihrer Form nach bestimmt. In der Perspektive einer huma - nistischen Gesellschaft stellt sich so auch die Forderung nach einer humanistischen Wissenschaft, d.h. einer "radikal menschbezogen konzeptualisierten Wissenschaft" (Schmidt 1987,37): Der Wegfall der "Objektivität" bedingt ihre Verantwortlichkeit, der Wegfall des Strebens nach absoluter Wahrheit das Streben nach Nützlichkeit für das menschliche Leben (Schmidt 1986,8): "Entscheidend ist allein die Effektivität, mit der sich die verschiedenen konzeptuellen Systeme in unserem Denken und Handeln, d.h. in der Art und Weise, wie wir unsere Autopoiese verwirklichen, auswirken. Gerade dies aber können wir sozusagen im 'Medium' unseres Konstruierens von Welt erleben, indem wir die Folgen und Konsequenzen unseres Denkens und Handelns beobachten, d.h. indem wir operationales Wissen im Umgang mit den dinglichen, konzeptuellen, strategischen, sprachlichen usw. Objekten im Bereich unserer Kognition erwerben" (Rusch 1986,16).

Die die Wirklichkeit konstruierenden Methoden müssen also einer menschlichen Wirklichkeit angemessen sein. Sie müssen die von Portele (1989,124ff) betonte dreifa - che "Ausklammerung des Menschen" überwinden: Seine Ausklammerung als Produzent (Subjekt) von Wissenschaft, als Handelnder (Objekt von Wissenschaft) und als koexi - stierendes Wesen, als Partner.

Ein solcher theoretisch - methodologischer Zugriff auf lebende Systeme bzw. den Menschen ist nun keineswegs neu. Zwar erscheint er für den orthodoxen Biologen immer etwas "vitalistisch", doch hat er etwa in der psychologischen Forschung eine lange Tradition, die bereits in der Einleitung erwähnt wurde (beschreibende, verstehende, phänomenologische, humanistische, Kritische Psychologie etc.).

Das Neue an der Theorie der Autopoiese ist jedoch, daß diese Perspektive in vieler

Hinsicht Konsequenz eines mit den Ergebnissen der orthodoxen Bio – und Human –
wissenschaften fundierten und dem formalen Zugriff der Kybernetik explizierten
Zugangs ist.

Darüberhinaus ist diese Theorie über die Reinterpretation orthodoxer einzelwissen –
schaftlicher Theorien in vielfältiger Hinsicht belegbar: Neben den in den letzten
Abschnitten im Rahmen der explizierten systemtheoretischen Zugänge erwähnten
Zusammenhängen stellen etwa Portele (1985;1989,53) oder Stadler & Kruse (1986) die
Parallelen zur Gestalttheorie heraus, verweisen Brocher & Sies (1986) auf die Bezüge
zur Psychoanalyse, stellt Portele die Anschlüsse zur Tätigkeitstheorie Leontjews (ders.
1989,58ff), zu den Arbeiten von Bateson (ders.1989,96ff,146ff) sowie dem Habituskon –
zept Bourdieus (ders. 1989,76ff,176ff) dar.

Noch gibt es natürlich eine Reihe ungelöster Fragen dazu, wie wohl eine solche radi –
kal – konstruktivistische Wissenschaft aussehen sollte.

Zunächst ist es gewiß kein Zufall, daß der Radikale Konstruktivismus und mit ihm die
Theorie der Autopoiese in den Naturwissenschaften, insbesondere der Biologie, kaum
zum tragen kommt – einige Gründe dafür sollten aus 4.4. ersichtlich sein – hingegen
aber breit rezipiert wird in Psychologie, Psychiatrie, Sozial –, Literatur –, Rechts – und
Managementwissenschaften (vgl.Schmidt 1986;1987).

Doch finden sich in vielen Wissenschaften, sehr oft aus empirischen Zwängen heraus,
Ansätze zu einer Überwindung der "Ausklammerung des Menschen" in ihren drei
Formen.

Spätestens seit der "Krise der Physik" ist die Ausklammerung des Forschungssubjekts
ein immer wieder betontes Problem, das sich in den verschiedensten theoretischen und
methodologischen Kontexten wiederfindet, ohne allerdings zumeist eine ausreichend
"radikale" Lösung zu finden. Mehr und mehr überwindet Wissenschaft auch ihre soziale
Zurückgezogenheit und schickt sich an, aktive kulturbildende Kraft zu werden und so
auf den Mitmenschen zuzugehen, obwohl gerade derzeitig das Umsichgreifen von "New
Age" oder "Postmoderne" ein deutliches Zeichen dafür ist, daß Wissenschaft nach wie
vor an den "existentiellen" Problemen der Menschen vorbeiforscht.

Die Humanwissenschaften zeigen ihrerseits, daß sehr oft der empirische Zwang des
Forschungsgegenstandes zu einer Konzeptualisierung des handelnden Menschen, des
Subjekts drängt. Hier ist es allerdings wieder vorwiegend die angewandte Forschung, in
der sich solche alternativen Konzepte ergeben. In der Psychologie etwa bewirkt die
Selbstreferenz der Forschung im Falle der experimentellen ("Labor –")Psychologie
konstant, daß die mit relativ streng fixierten Randbedingungen und einem hohen

"Informationsgefälle" zwischen "Vl" und "Vpn" konzipierten Methoden den Maschinen — modellen der Theorie nicht zu widersprechen in der Lage sind.

Als Beispiel für alternative Sichtweisen in der angewandten Forschung mag die Arbeitspsychologie dienen:

Die "Arbeitswissenschaft" nimmt mit dem "Taylorismus" den Anfang, der einem typischen "Variablenschema" folgt: Über Zeit und Bewegungsstudien werden die Bewegungsfolgen erforscht, die höchste Arbeitsleistungen zu erbringen vermögen (Holzkamp — Osterkamp 1981,14ff; Volpert 1974,10f; McGregor 1971, 47ff). Konsequenz dieser Methode sind Formen der Arbeitsorganisation, die den Menschen selbst auf eine Maschine reduzieren (Prototyp: Fließbandarbeit).

Die ersten explizit arbeitspsychologischen (individualwissenschaftlichen) Ansätze berücksichtigten zwar auch psychobiologische Parameter, ohne jedoch das Variablenschema zu durchbrechen.

Ein typisches "Subjektivitätsparadoxon" leitete dann jedoch eine völlig neue Orientierung der Arbeitspsychologie ein: In den legendären "Hawthorn — "Experimenten von Mayo et al. aus dem Jahre 1926 sollten die üblichen Experimente zum Einfluß psychobiologischer Parameter auf die Arbeitsleistung durchgeführt werden. Dies geschah, warum auch immer, in enger Kommunikation mit den Arbeiterinnen. Erstaunlicherweise zeigten alle vorgenommenen Veränderungen Verbesserungen der Arbeitsleistungen, diese traten ebenso in den Kontrollgruppen auf und blieben sogar nach Rücknahme der Veränderungen bestehen (Holzkamp — Osterkamp 1981,20f; Volpert 1974, 17). "Die Manager waren fasziniert, die Wissenschaftler verwirrt" resümiert Volpert (ebd.).

Über die Möglichkeit der Teilnahme der so entdeckten "informellen Gruppe" an der Gestaltung der Experimente war es möglich, diese für die Ziele des Unternehmens zu gewinnen oder in der Sprache dieser Arbeit: Durch die ungehinderte Bestimmung der Randbedingungen der Systeme durch die Systeme selbst wurde eine Erhöhung der Effektivität des Operierens dieser Systeme in dem von ihnen etablierten konsensuellen Bereich bewirkt. Konsequenz dieses methodischen Paradigmenwechsels war die "Human — Relations — Bewegung".

Eine Fortsetzung dieses Trends vollzog sich von den späteren auf "Selbstverwirklichung" der Arbeitenden orientierten Managementkonzepten (etwa McGregor 1971) bis hin etwa zu den Arbeitsgestaltungskonzepten der an der Handlungsregulationstheorie orientierten Arbeitspsychologie (Hacker, Volpert, Ulich). Deutlich wird die Angemessenheit des Kerngedankens dieser Konzepte mit der in dieser Arbeit herausgestellten

Bestimmung der Randbedingungen durch das System selbst etwa in den Forderungen nach "Selbstmotivierung durch die Selbstgestaltung ihrer (der Arbeiter – A.Z.) Lebensbeziehungen, hier konkret ihrer Arbeitsprozesse", verbunden mit "Persönlichkeitsveränderung als Selbstveränderung vermittels des zielgerichteten Gestaltens eigener Arbeits – und Lebensbedingungen durch die Arbeitenden" (Hacker 1986, 195, 499) oder in den Konzepten zur Schaffung von Handlungsspielräumen für die Arbeitenden (ebd.104) oder der Ersetzung unvollständiger durch vollständige Tätigkeiten (ebd.163). Der (eingreifende) Forschungsprozeß zielt hier, ganz der unter 4.4. aufgestellten Forderung entsprechend, nicht mehr auf die Optimierung eines "Outputs" unter Fixierung der Randbedingungen ab, sondern auf deren weitestmögliches Offenhalten bzw. deren gemeinsame Gestaltung durch Forscher und "Beforschten" in einer intersubjektiven Beziehung.[67]

Ähnliche Beispiele finden sich in anderen Gebieten der angewandten Psychologie: So entsprechen etwa die Forderungen von v.Förster (1985) oder v.Glasersfeld (1989) zur Bildung des Menschen wesentlich Ansätzen in der pädagogischen Psychologie wie dem der "primären Motivation" (Rosenfeld 1965). Erinnert sei hier auch an interaktiv orientierte Therapietechniken, etwa in der Gestalttherapie (Portele 1989,154ff; 1985) und neueren Ansätzen der Familientherapie (Hargens 1987), aber auch in neueren psychoanalytisch orientierten Verfahren (vgl.Schmidt 1987,57ff), die die traditionell-asymmetrische Therapeut – Patient – Beziehung zu durchbrechen suchen.

Es bleibt abzuwarten, ob sich v.Foersters (1985,81) Prophezeiung einer "Revision all der Grundbegriffe [...], die für die Wissenschaft schlechthin bestimmend sind" erfüllen wird, ob eine solche Wende mit den hier diskutierten Ansätzen schon in Gang gekommen ist. Eine Analyse dieser Fragestellung kann nicht, wie es hier geschehen ist, von den betreffenden Paradigmen allein ausgehen, sondern verlangt eine detaillierte Analyse all jener Faktoren, die die gesellschaftliche Formbestimmtheit von Wissenschaft ausmachen.

Nach Bamme (1989) wäre als neues Moment dieser Formbestimmtheit die enorme Steigerung von Komplexiät und Dynamik der Konstruktion von Natur durch die Menschheit festzuhalten, nach Günther (1980) der Übergang zu einer transklassischen Technik, nach Capra (1988) das heraufdämmernde "Neue Zeitalter". Sicher spielt in

---

[67] Daß hier auch einzelwissenschaftliche Ansätze zu einer Perspektive gesellschaftlicher Wirklichkeitskonstruktion hin zu einer Reduzierung von Entfremdung des Menschen eröffnet werden, sollte deutlich sein.

diesen Beziehungen auch das Faktum eine Rolle, daß die neuen globalen Mensch –
heitsprobleme das konstruktive Verhältnis des Menschen zur Natur erstmals als sinn –
lich – wirklich, als existenziell – bedrohend erlebbar machen.

Unbeantwortet bleibt auch die Frage, wie die hier erörterten Parallen zwischen klassi –
scher deutscher Philosophie und modernen systemtheoretischen Ansätzen zu erklären
sind. Ein wesentlicher Punkt ist sicher, daß in dieser Arbeit eben ganz bewußt das eine
"durch die Brille" des anderen gelesen wurde – ein Vorgehen, daß sich allein an den
o.g. Kriterien zu messen haben wird. Aber auch darüberhinaus bleibt ein Erklärungs –
defizit: Ist es vielleicht der freie, entfaltete bürgerliche Mensch als Gegenstand des
spekulativ – philosophischen Denkens, der erst mit der von den Naturwissenschaft er –
schlossenen Komplexität der (von ihr konstruierten) Natur oder der Implementier –
barkeit kybernetischer Systeme ein wissenschaftlicher Forschung angemessenes "Mo –
dellsystem" erhält ?
Weitere Studien werden neben der Weiterentwicklung des begrifflich – logischen wie
kybernetisch – und logisch – formalen Apparates auch eine Antwort auf die letztge –
nannten Fragen finden müssen.

LITERATURVERZEICHNIS

Adelman,G.(Ed.): Encyclopedia of Neuroscience.Bd.I.Boston, Basel, Stuttgart 1987

Aebli,H.: Vorwort. in: Neisser 1979

Alkon,D.L.: Memory Storage and Neural Systems.Scientific American 260(1989)7, 42 – 50

Alkon,D.L.; K.T.Blackwell; G.S.Barbour; A.K.Rigler & T.P.Vogl: Pattern Recognition by an Artificial Network Derived from Biologic Neuronal Systems. Biol.Cy – bern.62(1990)363 – 376

Allmer,H.: Entwicklungspsychologie aus handlungstheoretischer Sicht: Implikationen für die Theoriebildung und Forschungskonzeption.
Psychol.Rundsch.XXXVI(1985)4,181 – 190

Altman,S.A.: The Monkey and the Fig. A Socratic Dialogue on Evolutionary Themes. American Scientist May/June 1989

Anderson,J.R. & R.Milson: Human Memory: An Adaptive Perspective. Psychol.Rev. 96(1989b)4, 703 – 719

Anderson,J.R.: A Theory on the Origins of Human Knowledge. Artificial Intelligence 40 (1989a) 313 – 351

Andler,D.: Cognitivism – orthodox and otherwise. A new phase? Paper to the Eu – rop.Philos.Conf. Athens 1985

Annett,M.: Handedness as chance or as species characteristic. Behavioral and Brain Sci. 10(1987)263

Ansager,R. & G.Wenninger(Hg.): Handwörterbuch der Psychologie. Weinheim, Basel 1980

Babloyantz,A.: Strange Attractors in the Dynamics of Brain Activity. in: Haken (Ed.) 1985,116 – 122

Bamme,A.: Wird die Biologie zur Leitwissenschaft des ausgehenden 20.Jahrhunderts? Naturwiss. 76(1989)441 – 446

Basar,E.(Ed.): Dynamics of Sensory and Cognitive Processing by the Brain. Berlin, Heidelberg 1988

Basar,E.: Thoughts on Brain's Internal Codes. in: Basar (Ed.) 1988a,381 – 384

Basar,E.: Brains, Waves, Chaos, Learning and Memory. in: Basar (Ed.) 1988b, 394 – 406

Baumgartner,P. & S.Payr: Körper, Kontext und Kultur. unveröffentlichtes Manuskript. Klagenfurt 1990

Beardslee,D.C. & M.Wertheimer (Ed.): Reading in Perception. (zit.n.Velickovskij 1988; Neisser 1974)

Beaumont,J.G.: Einführung in die Neuropsychologie.Berlin 1987

Bischof,N.: Ordnung und Organisation als heuristische Prinzipien des reduktiven Denkens. Vortrag anläßlich der Hauptversammlung 1987 der Deutschen Akademie der Naturforscher Leopoldina.

Bischof,N.: Emotionale Verwirrungen. Oder: Von den Schwierigkeiten im Umgang mit der Biologie. Psychol.Rundsch. 40(1989)188 – 205

Bischof,N.: Aristoteles, Galilei, Kurt Lewin und die Folgen. in: Michaelis (Hg.)

Bloch,E.: Subjekt – Objekt. Erläuterungen zu Hegel. Frankfurt a.M. 1977

Bohm,D.: Die implizite Ordnung. München 1988

Bohm,D.: Quantum Theory. New York 1951 (zit.n.Capra 1988)

Boller,F. & J.Grafman (Ed.): Handbook of Neuropsychology. Vol.1 Amsterdam 1988

Boller,F. & J.Grafman (Ed.): Handbook of Neuropsychology. Vol.3. Amsterdam 1989

Bonner,J.T.: Lockstoffe sozialer Amöben. Spektrum der Wissenschaft 6(1983) 110 – 118

Borod,J.C.; W.Vingiano & F.Cytryn: Neuropsychological Factors associated with per –
ceptual Biases for emotional chimeric faces. Intern.J.Neuroscience 45 (1989) 101 – 110

Braun,K.H. & K.Holzkamp: Bericht über den I.Kongreß Kritische Psychologie.Bd.II.:
Diskussion. Köln 1977

Brocher,T.H. & C.Sies: Psychoanalyse und Neurobiologie. Zum Modell der Autopoiesis
als Regulationsprinzip. Jahrbuch der Psychoanalyse. Beiheft 10. Stuttgart, Bad Cannstatt
1986

Büttner,U. & J.A.Büttner – Ennever: Present concepts of oculomotor organization. in
Büttner – Ennever (Ed.) 1988

Büttner – Ennever,J.A.(Ed.): Neuroanatomy of the oculomotor system. Oxford, New
York 1988

Campbell,F.W. & L.Maffei: Kontrast und Raumfrequenz. Spektrum der Wissenschaft:
Wahrnehmung und visuelles System. Heidelberg 1986,132 – 139

Capra,F.: Wendezeit. Bausteine für ein neues Weltbild. München 1988

Chance,B.;R.W.Estabrook & A.Gosh: Damped Sinusoidal Oscillations of Cytoplasmatic
Reduced Nucleotide in Yeast Cells. Proc.Natl.Acad.Sci.USA 51(1964) 1244 – 1251

Churchland,P.M.: Cognitive neurobiology: a computational hypothesis for laminar cortex. Biol.&Phil. 1(1986)25 – 51

Churchland,P.M. & P.S.Churchland: Ist eine denkende Maschine möglich ? Spektrum der Wissenschaft 3/1990,47 – 54

Cooper,L.A. & R.N.Shepard: Rotationen in der räumlichen Vorstellung. Spektrum der Wissenschaft: Wahrnehmung und visuelles System. Heidelberg 1986, 122 – 130

Corballis,M.C.: Laterality and Human Evolution. Psychol.Rev. 96(1989)3,492 – 505

Creutzfeld,O.D.: Cortex cerebri. Leistung, strukturelle und funktionelle Organisation der Hirnrinde. Berlin, Heidelberg, New York, Tokyo 1983

Crow,L.T.: A Role for Hemispheric Asymmetry in Human Behavioral Variability. Pavlovian J. of Biol.Sci. 24(1989)   43 – 49

Davies,M.: Connectionism, modularity, and tacit knowledge. Brit.J.Phil.Sci. 40(1989) 541 – 555

Ditterich,J.: Selbstreferentielle Modellierungen. Klagenfurter Beiträge zur Technik – diskussion 36(1990)

Ditzinger,T. & H.Haken: Oscillations in the Perception of ambiguous Patterns. A Model based on Synergetics. Biol.Cybern.61(1989)

Dore,F.Y. & C.Dumas: Psychology of Animal Cognition: Piagetian Studies. Psychol.Bull. 102(1987)2, 219 – 233

Dress,A.; H.Hendrichs & G.Küppers(Hg.): Selbstorganisation. Die Entstehung von Ordnung in Natur und Gesellschaft. München 1986

Dreyfus,H.L. & S.E.Dreyfus: Künstliche Intelligenz. Von den Grenzen der Denkma – schine und dem Wert der Intuition. Reinbek b. Hamburg 1987

Dreyfus,H.L.: Die Grenzen der Künstlichen Intelligenz. Was Computer nicht können.

Königstein 1985

Dreyfus,H.L.(Ed.): Husserl, Intentionality, and Cognitive Science. Cambridge, London 1984

Dreyfus,H.L.: Introduction. in: Dreyfus (Ed.) 1984a,1 – 30

Dreyfus,H.L.: Husserl's Perceptual Noema. in: Dreyfus (Ed.) 1984b,97 – 124

Ebeling,W. & R.Feistel: Physik der Selbstorganisation und Evolution. Berlin 1986

Edmunds,L.N.(Ed.): Cell Cycle Clocks. New York, Basel 1984

Eigen,M.; W.Gardiner; P.Schuster & R.Winkler – Oswatitsch: Ursprung der genetischen Information. Spektrum der Wissenschaft: Evolution. Heidelberg 1982

Eigen,M .& R.Winkler: Das Spiel. Naturgesetze steuern den Zufall. München 1975

Eigen,M.:Selforganization of Matter and the Evolution of Biological Macromolecules. Naturwiss. 58(1971)10,465 – 523

Eigen,M.: Information und Evolution biologischer Makromoleküle. Nova Acta Leopol – dina 206(NF)37/1(1972) 171 – 224

Engels,F.: Ludwig Feuerbach und der Ausgang der klassischen deutschen Philosophie. in: Marx,Engels:Werke Bd.21.   Berlin 1980

Erpenbeck,J.: Motivation. Ihre Psychologie und Philosophie. Berlin 1984

Ertel,S.; L.Kemmler & M.Stadler(Hg.): Gestalttheorie in der modernen Psychologie. Darmstadt 1975

Eschrich,K.; W.Schellenberger & E.Hoffmann: Sustained Oscillations in a Reconstituted Enzyme System Containing Phosphofructokinase and Fructose – 1,6 – Bis – phosphatase. Arch. Biochem.Biophys.222(1983)657 – 660

Feigenbaum,E.A. & P.McCorduck: Die fünfte Computer – Generation. Künstliche Intelligenz und die Herausforderung Japans an die Welt. Basel, Boston, Stuttgart 1984

Feldman,J.F. & M.N.Hoyle: Isolation of circadian clock mutants of Neurospora crassa. Genetics 82(1976)9 – 17

Feyereisen,P.: Theories of emotions and neuropsychological research. in: Boller & Grafman 1989,271 – 281

Fodor,J.A. & Z.W.Pylyshyn: Connectionism and cognitive architecture. Cognition 28(1987) 3 – 71

Fodor,J.A.: Methodological Solipsism considered as a Research Strategy in Cognitive Psychology. in: Dreyfus(Ed.)   1984, 277 – 304

Frank,H.: Bedenken gegen einen radikalen Informationskonstruktivismus. Eine Erwi – derung auf Ansgar Nünnings Positionsskizze. grkg/Humankybernetik 31(1990)1,15 – 25

Freeman,W.J.: A Watershed in the Study of Nonlinear Neural Dynamics. in: Basar (Ed.) 1988,378 – 380

Freiberg,D.: Evolution im Reagenzglas. Die Zeit 18(1982)60 (zit.n.Bamme 1989)

Freska,C.: Cognitive Science – eine Standortbestimmung. Universitas 525,45 (März 1990) 232 – 240

Freska,C.: Wissensdarstellung und Kognitionsforschung. Informationstechnik 31(1989)2, 134 – 140

Gierer,A.: Physik der biologischen Gestaltbildung. in: Dress et al. (Hg.) 1986

Gigerenzer,G.: Woher kommen Theorien über kognitive Prozesse? Psychol.Rundsch. 39(1988)91 – 100

Gilbert,D.A.: Temporal Organization, Reorganization, and Disorganization in Cells. in:

Edmunds (Ed.) 1984, 5 – 25

Godet,P.; V.F.Castellucci; S.Schacher & E.R.Kandel: The long and the short of long – term memory a molecular framework. Nature 322(1986)419 – 422

Goldberger,A.L.; D.R.Rigney & B.J.West: Chaos and Fractals in Human Physiology. Scientific American   262(1990)2,42 – 49

Goleman,D.: Holonomic Memory: An interview with Karl Pribram. Psychology Today 12,9 (Feb.1979)

Gorgs, H.: Die Genese heterogener Disziplinen zu einer neuen Wissenschaft untersucht am Beispiel der Kybernetik. Diss.B. Martin – Luther – Univ. Halle 1984

Goschke,T. & D.Koppelberg: Connectionism and the Semantic Content of Internal Representation. Revue International de la Philosophie 1/1990

Gould,S.J.: Darwinism and the Expansion of Evolutionary Theory. Science 216(1982) 380 – 387

Gould,S.J.: Wo Darwin irrte. bild der wissenschaft. Juni 1990,116 – 121

Graumann,C.F.: Gestalt in Social Psychology. Psychological Research 51(1989) 75 – 80

Grüsser,O.J.: Interaction of efferent and afferent signals in visual perception. A history of ideas and experimental paradigms. acta psychologica 63(1986)3 – 21

Günther,G.: Idee und Grundriß einer nicht – Aristotelischen Logik. Hamburg 1978

Günther,G.: Beiträge zur Grundlegung einer operationsfähigen Dialektik. Bd.I – III. Hamburg 1976,1979,1980

Gyr,J.W.: Complementarities between the Sensory and the Motor System in Holonomic Sensory – Motor Perception Theory. Gestalt Theory 10(1988)4,266 – 273

Hacker,W.: Arbeitspsychologie. Berlin 1986

Hacker,W.; W.Volpert & M.v.Cranach (Hg.): Kognitive und motivationale Aspekte der Handlung. Berlin 1983

Haken,H. & M.Haken – Krell: Entstehung von biologischer Information und Ordnung. Darmstadt 1989

Haken,H.(Ed.): Complex Systems Operational Approaches in Neurobiology, Physics and Computers. Berlin, Heidelberg, New York, Tokyo 1985

Haken,H.: Synergetik.Eine Einführung. Berlin, Heidelberg, New York, Tokyo 1983

Haken,H.: Erfolgsgeheimnisse der Natur. Synergetik: Die Lehre vom Zusammenwirken. Stuttgart 1981

Haken,H.: Über das Verhältnis der Synergetik zur Thermodynamik, Kybernetik und Informationstheorie. in: Niedersen (Hg.) 1988

Haken,H.: Operational Approaches to Complex Systems. An Introduction. in: Haken (Ed.) 1985

Haken,H.; R.Haas & W.Banzhaf: A New Learning Algorithm for Synergetic Computers. Biol.Cybern.62(1989)107 – 111

Hall,A.D. & R.E.Fagen: Definition of System. General Systems Yearbook 1(1956) 18

Hansch,D.: Die Neuropsychologie von Emotion und Motivation aus der Sicht der Theorie der Selbstorganisation und der dissipativen Strukturen. Diss.A. Humboldt – Univ. Berlin 1988

Hansch,D.: Psychosynergetik neue Perspektiven für die Neuropsychologie? Z.Psychol. 196(1988)421 – 436

Hargens,J.: Die Wirklichkeit: Wahrheit oder Illusion. Psychologie heute 14(1987) 4,48 – 53

Hassenstein,B.: Bedingungen für Lernprozesse teleonomisch gesehen. Nova Acta Leopoldina 206,37/1 (1972) 289 – 322

Hauptmeier,H. & G.Rusch: Erfahrung und Wissenschaft. Überlegungen zu einer konstruktivistischen Theorie der Erfahrung. LUMIS – Schriften 4, Siegen 1984

Heckhausen,H.: Motivation: Kognitionspsychologische Aufspaltung eines summarischen Konstrukts. Psychol.Rundsch. 37(1986)175 – 189

Hegel,G.W.F.: Wissenschaft der Logik. Bd.I – III (im Text als römische Zahl mit Seitenangabe) Leipzig 1965

Hegel,G.W.F.: Phänomenologie des Geistes. Stuttgart 1987

Hegel,G.W.F.: Ästhetik.Bd.I/II. Berlin, Weimar 1984

Hegel,G.W.F.: Enzyklopädie der philosophischen Wissenschaften. Stuttgart 1938

Hegel,G.W.F.: Grundlinien der Philosophie des Rechts oder Naturrecht und Staats – wissenschaft im Grundrisse. Berlin 1988

Hegel,G.W.F.: Vorlesungen über die Geschichte der Philosophie. Bd.I – III. Leipzig 1982

Heidegger,M.: Sein und Zeit. Tübingen 1986

Hejl,P.; W.K.Köck & G.Roth (Hg.): Wahrnehmung und Kommunikation. Frankfurt a.M., Bern, Las Vegas 1978

Hejl,P.M.: Sozialwissenschaft als Theorie selbstreferentieller Systeme. Frankfurt a.M., New York 1982

Hejl,P.M.: Konstruktion der sozialen Konstruktion. Grundlinien einer konstruktivisti –
schen Sozialtheorie. in: Schmidt 1987, 303 – 339

Heisenberg,M.: Initiale Aktivität und Willkürverhalten bei Tieren. Natur –
wiss.70(1983)70 – 78

Held,R.: Plastizität sensorisch – motorischer Systeme. Spektrum der Wissenschaft:
Wahrnehmung und visuelles System. Heidelberg 1986,200 – 208

Hellige,J.B.: Hemispheric Asymmetry. Annu.Rev.Psychol. 41(1990)55 – 80

Hensgen,U. & H.P.Werner: Die Selbstreferentialität des Gehirns und die Prinzipien der
Gestaltwahrnehmung. Ein Diskussionsbeitrag zu G.Roth. Gestalt Theory 9(1987)1, 40
– 43

Hess,B. & M.Markus: Chemische Uhren. in: Dress et al. 1986

Hess,B. & M.Markus: Ordnung und Chaos in chemischen Uhren. in: Küppers (Hg.)
1987

Hess,B.; A.Boiteux & J.Krüger: Cooperation of Glycolytic Enzymes. Adv.Enzyme Regul.
7(1969)149 – 167

Heuser – Keßler,M.L.: Die Produktivität der Natur. Schellings Naturphilosophie und das
neue Paradigma der Selbstorganisation in den Naturwissenschaften. Berlin 1986

Hinton,G.E.: Connectionist Learning Procedures. Artificial Intelligence 40(1989)
185 – 234

Hofstadter,D.R. & D.C.Dennett (Hg.): Einsicht ins Ich. Fantasien und Reflexionen über
Selbst und Seele. Stuttgart 1986

Hollmann,A.: Gehirn und Emotionen. in: Schubert 1985, 105 – 127

Holst,E.v. & H.Mittelstaedt: Das Reafferenzprinzip. Wechselwirkungen zwischen ZNS und Peripherie. Naturwiss. 37(1950)464 – 476

Holzkamp,K.: Grundlegung der Psychologie. Frankfurt a.M., New York 1985

Holzkamp,K.: Die "kognitive Wende" in der Psychologie zwischen neuer Sprachmode und wissenschaftlicher Neuorientierung. Forum Kritische Psychologie 23(1989)67 – 85

Holzkamp – Osterkamp,U.: Die Übereinstimmung/Diskrepanz zwischen individuellen und gesellschaftlichen Zielen als   Bestimmungsmoment der Vermittlung zwischen kognitiven und emotionalen Prozessen. in: Braun & Holzkamp   1977

Holzkamp – Osterkamp,U.: Grundlagen der psychologischen Motivationsforschung. Berlin 1981

Hubel,D.H. & T.N.Wiesel: Receptive fields, binocular interaction and functional architecture in the cats visual cortex. J.Physiol. 160(1962)106 – 154

Hubel,D.H. & T.N. Wiesel: Receptive fields and functional architecture of monkey striate cortex. J. Physiol. 195(1968)215 – 243

Hubel,D.H. & T.N.Wiesel: Die Verarbeitung visueller Information. Spektrum der Wissenschaft: Wahrnehmung und visuelles System. Heidelberg 1986,36 – 47

Jantsch,E.: Die Selbstorganisation des Universums. Vom Urknall zum menschlichen Geist. München 1979

Jantsch,E.: Erkenntnistheoretische Aspekte der Selbstorganisation natürlicher Systeme. in: Schmidt 1987,159 – 191

Jantzen,W.: Behindertenpädagogik, Persönlichkeitstheorie, Therapie. Vorbereitende Arbeiten zu einer materialistischen Behindertenpädagogik. Köln 1978

Jantzen,W.: Abbild und Tätigkeit. Studien zur Entwicklung des Psychischen. 1983

Jantzen,W.: Selbstorganisation, Ontogenese des psychischen Abbilds und Psychosomatik.

Gestalt Theory 7(1985)4,   273 – 290

Jantzen,W.:   Allgemeine   Behindertenpädagogik.Bd.1:   Sozialwissenschaftliche   und
psychologische Grundlagen. Weinheim, Basel 1987

Jantzen,W.: Allgemeine Behindertenpädagogik.Bd.2: Neurowissenschaftliche Grundla –
gen. Weinheim 1990 (im Druck)

Jean,R.V.: A Synergic Approach to Plant Pattern Generation. Math.Biosci. 98(1990)1,
13 – 48

Ji,S.: Watson – Crick and Prigoginian Forms of Genetic Information. J.theor.Biol.
130(1988) 239 – 245

John,E.R.: Resonating Fields in the Brain and the Hyperneuron. in: Basar (Ed.) 1988,
368 – 377

Kalil,R.E.: Synapse Formation in the Developing Brain. Scientific American 260(1989)
12, 76 – 85

Kant,I.: Kritik der reinen Vernunft. Leipzig 1979

Kawai,M.: Newly – acquired Precultural Behavior of the Natural Troop of Japanese
Monkeys on Koshima Island. Primates 6(1965)1,1 – 30

Kehoe,E.J.: Connectionist Models of Conditioning: A Tutorial. J.Exp.Anal.Behav.
52(1989) 427 – 440

Kelly,G.A.: The Psychology of Personal Constructs. New York 1955 (zit.n.Portele 1989)

Kelso,J.A.S. & J.R.Scholz: Cooperative Phenomena in Biological Motion. in: Haken
(Ed.) 1985,124 – 149

Kimura,M.: Die 'neutrale' Theorie der Evolution. Spektrum der Wissenschaft: Evolu –
tion. Heidelberg 1982,100 – 109

Klaus,G.: Vorwort. in: Lange 1966

Klix,F. & J.Hoffmann (ed.): Cogniton & Memory. Oxford, New York 1980

Klix,F. & P.Metzler: Über die Zusammenhänge zwischen Bildcodierung und Begriffs –
repräsentation im menschlichen Gedächtnis. Z.Psychol. 189(1981)135 – 165

Klix,F.: Erwachendes Denken. Eine Entwicklungsgeschichte der menschlichen Intel –
ligenz. Berlin 1980

Klix,F.: On Structure and Function of Semantic Memory. in: Klix & Hoffmann 1980b

Klix,F.: Natürliche und Künstliche Intelligenz – Treffpunkte im Computer. spectrum
7/87,14 – 16

Koch,U.T. & M.Brunner: A modular analog neuronmodel for research and teaching.
Biol. Cybern. 50(1988)303 – 312

Koch,U.T.; U.Bässler & M.Brunner: Non – Spiking Neurons Supress Fluctuations in
Small Networks. Biol. Cybern. 62(1989)75 – 81

Köck,W.K.: Kognition – Semantik – Kommunikation. in: Hejl et al.(Hg.)1978; auch
in: Schmidt 1987,340 – 373

Köck,W.K.: Vorwort. in: v.Förster 1985

Koestler,A. & J.R.Smythies (Hg.): Das neue Menschenbild. Wien 1970

Koestler,A.: Der Mensch, Irrläufer der Evolution? Bern, München 1978

Kohonen,T.: Self – Organization and Associative Memory. Berlin, Heidelberg 1984

Kohonen,T.: Analysis of a simple selforganizing process. Biol.Cybern.44(1982)135 – 146

Kolb,B.: Brain Development, Plasticity, and Behavior. American Psychologist 44(1989)9, 1203 – 1212

Konopka,R.S. & S.Benzer: Clock mutants of Drosophila melanogaster. Proc. Natl. Acad.Sci. USA 68(1971)2112 – 2116

Körner,E.: Neurocomputer – gegenwärtiger Stand und Perspektiven der Forschung zu Neuronalen Netzwerken. Wiss. Zeitschrift TH Ilmenau 5/1989

Kosslyn,S.M.: Information representation in visual images. Cognitive Psychology 10(19 – 75) 356 – 389

Kosslyn,S.M.: The medium and the message in mental imagery: A theory. Psychol.Rev. 88(1981)1,44 – 66

Krause,W.: Über menschliches Denken – Denken als Ordnungsbildung. Z.Psychol. 197(1989) 1 – 30

Krohn,W. & G.Küppers: Die Selbstorganisation der Wissenschaft. Frankfurt a.M. 1989

Krohn,W.; G.Küppers & R.Paslack: Selbstorganisation Zur Genese und Entwicklung einer wissenschaftlichen Revolution. in: Schmidt (Hg.) 1987

Kruse,P.; G.Roth & M.Stadler: Ordnungsbildung und psychophysische Feldtheorie.Ge – stalt Theory 9(1987)3/4, 150 – 167

Kuhl,J. & J.W.Atkinson: Perspektiven der Motivationspsychologie des Menschen: ein neues experimentelles Paradigma. in: Sarris & Parducci (Hg.) 1986,229 – 245

Küppers,B.O.(Hg.): Ordnung aus dem Chaos.Müchen, Zürich 1987

Küppers,B.O.: Der Ursprung biologischer Information. Zur Naturphilosophie der Lebensentstehung. München,Zürich   1986

Küppers,B.O.: Molecular Theory of Evolution.Heidelberg 1985

Lambert,D.M. & A.J.Hughes: Keywords and Concepts in Structuralist and Functionalist Biology. J.theor.Biol.133   (1988)133 – 145

Lange,O.: Ganzheit und Entwicklung aus kybernetischer Sicht. Berlin 1966

Lehninger,A.L.: Biochemie. Weinheim 1985

Leinfellner,W.: The Brain – Wave – Model as a Protosemantic Model. in : Basar (Ed.) 1988,349 – 353

Leontjew,A.N.: Tätigkeit, Bewußtsein, Persönlichkeit. Berlin 1987

Leontjew,A.N.: Probleme der Entwicklung des Psychischen. Berlin 1975

Levy,J. & C.Trevarthen: Metacontroll of hemispheric function in human split brain patients. J.Exp.Psychol. Human Perception and Performance

Levy,J.; W.Heller; M.T.Banich & Burton Asymmetry of perception in free viewing of chimeric faces. Brain and Cognition 2(1983)404 – 419

Lewin,K.: Der Übergang von der aristotelischen zur galileischen Denkweise in Biologie und Psychologie. Erkenntnis 1 (1930/31)421 – 460

Leyhausen,P.: Verhaltensstudien an Katzen. Berlin, Hamburg 1975

Lewontin,R.C.: Anpassung. Spektrum der Wissenschaft: Evolution. Heidelberg 1982, 32 – 40

Libet,B.; C.A.Gleason; E.W.Wright & D.K.Pearl: Time of conscious intention to act in relation to onset of cerebral activity (readiness potential). The uncoscious inhibition of a fully voluntary act. Brain 106 (1983)623 – 642

Linsker,R.: From basic network principles to neural architecture: Emergence of spati – al – opponent cells. Proc.Natl.Acad.Sci.USA 83(1986a)7508 – 7512

Linsker,R.: From basic network principles to neural architecture:Emergence of orien – tation – selective cells.Proc.Natl.Acad.Sci.USA 83(1986b)8390 – 8394

Linsker,R.: From basic network principles to neural architecture: Emergence of orien – tation columns. Proc.Natl.Acad.Sci.USA 83(1986c)8779 – 8783

Linsker,R.: Perceptual Neural Organization: Some Approaches Based on Network Models and Information Theory. Annu.Rev.Neurosci.13(1990)257 – 281

Lloyd,D. & S.W.Edwards: Epigenetic Oscillations during the Cell Cycles of Lower Eukaryotes Are Coupled to a Clock. Life's Slow Dance to the Music of Time. in: Edmunds (Ed.) 1984,27 – 46

Lorenz,K.: Vergleichende Verhaltensforschung: Grundlagen der Ethologie. Wien, New York 1978

Luhmann,N.: Soziale Systeme. Grundriß einer allgemeinen Theorie. Frankfurt a.M. 1987

Luhmann,N.: Über systemtheoretische Grundlagen der Gesellschaftstheorie. Deutsche Zeitschr.f.Philos. 38(1990)3

Marx,K. & F.Engels: Die Deutsche Ideologie. in: Marx,Engels: Werke.Bd.3. Berlin 1983a

Marx,K.: Thesen über Feuerbach. in: Marx,Engels:Werke.Bd.3.Berlin 1983b

Marx,K.: Das Kapital. Erster Band. in: Marx,Engels:Werke.Bd.23. Berlin 1977a

Marx,K.: Das Kapital. Dritter Band. in: Marx,Engels: Werke.Bd.25. Berlin 1977b

Marx,K.: Ökonomisch – Philosophische Manuskripte. in: Marx,Engels:Werke.Erg.bd.I.

Berlin 1974

Matthies,H.J.: In Search of Cellular Mechanisms of Memory. Progress in Neurobiology 22(1989)277 – 349

Maturana,H.R. & F.J.Varela: Der Baum der Erkenntnis. Bern, München, Wien 1987

Maturana,H.R.: Biologie der Kognition. Paderborn 1974/75

Maturana,H.R.: Erkennen: Die Organisation und Verkörperung von Wirklichkeit. Brauschweig, Wiesbaden 1982

Maturana,H.R.: Reflexionen über Liebe. Z.system.Ther. 3(1985)3,129 – 131

Maturana,H.R.: Kognition. in: Schmidt (Hg.) 1987a,89 – 118

Maturana,H.R.: Biologie der Sozialität. in: Schmidt (Hg.) 1987b,159 – 190

Maturana,H.R.; L.Y.Lettvin; W.S.McCulloch & W.H.Pitts: Anatomy and physiology of vision in the frog (Rana pipiens). J.Gen.Physiol.43(1960)Suppl.2,129 – 175

Mayr,E.: Evolution. in: Spektrum der Wissenschaft: Evolution. Heidelberg 1982,8 – 19

Mayr,E.: Natürliche Auslese. Naturwiss. 72(1985)231 – 236

McClelland,J.L. & D.E.Rumelhart: An interactive activation model of context effects in letter perception.   1. An account of basic findings. Psychol.Rev.88(1981)375 – 407

McCorduck,P.: Denkmaschinen. Die Geschichte der künstlichen Intelligenz. Haar b. München 1987

McGregor,D.: Der Mensch im Unternehmen. Düsseldorf, Wien 1971

McGuiness,C.: Visual Imagery: The Question of Representation. The Irish J. of Psychol. 10(1989)2,188 – 200

Meinhardt,H.: The Formation of Morphogenetic Gradients and Fields. Ber.Deutsch. Bot.Ges. 87(1974)

Michaelis,W.(Hg.): Bericht über den 32.Kongreß der Deutschen Gesellschaft für Psychologie Zürich 1980. Göttingen   1981

Miller,G.A.: The magical number seven plus or minus two: Some limits on our capacity for processing information. in: Beardslee & Wertheimer 1958 (zit.n.Velickovskij 1988, Neisser 1974)

Miller,G.A. ;E.Galanter & K.H.Pribram: Strategien des Handelns. Pläne und Strukturen des Verhaltens. Stuttgart   1973

Milton,J.G.; A.Longtin; A.Beuter; M.C.MacKey & L.Glass: Complex Dynamics and Bifurcations in Neurology.J.theor. Biol.138(1989)129 – 147

Minsky,M.: A framework for Representing Knowledge.In: Winston,D.: The Psychology of Computer Vision. (zit.n.Velickovskij 1988)

Mocek,R.: Systemdenken zwischen Dialektik und Konstruktivismus. Zur Theorie selbstreferentieller Systeme. Dialektik 12, Köln 1986,214 – 229

Mocek,R.: Anmerkungen zur Autopoiesis. Deutsche Zeitschr.f.Philos. 38(1990)4, 354 – 363

Müller,J.: Zur vergleichenden Physiologie des Gesichtssinnes der Menschen und der Tiere. Leipzig 1826

Müller,W.A.: Positionsinformation und Musterbildung. Biologie in unserer Zeit 9(197 – 9)135 – 140

Neisser,U.: Kognitive Psychologie. Stuttgart 1974

Neisser,U.: The imitation of man by machine. Science 139(1963)193 – 197

Neisser,U.: Kognition und Wirklichkeit. Prinzipien und Implikationen der kognitiven Psychologie. Stuttgart 1979

Newell,A.; H.A.Simon & J.C.Shaw: Elements of a theory of human problem solving. Psychol.Rev.65 (1958)151 – 166

Niedersen,U.(Hg.): Komplexität – Zeit – Methode 2.: Gestalt und Selbstorganisation. Halle 1988

Nünning,A.: Informationsübertragung oder Informationskonstruktion? grkg/Humanky – bernetik 30(1989)4,127 – 140

Nünning,A.: Wer konstruiert was ? grkg/Humankybernetik 31(1990)2

Oberheber,U.: Spiel der Ordnungen. Einführung in die Philosophie Gotthard Günthers. Klagenfurter Beiträge zur Technikdiskuss.33(1990)

Oeser,E. & F.Seitelberger: Gehirn, Bewußtsein und Erkenntnis. Darmstadt 1988

Paivio,A.: Imagery and verbal processes. New York 1971 (zit.n.McGuiness 1989; Velik – kovskij 1988)

Palm,G.: Assoziatives Gedächtnis und Gehirntheorie. Spektrum der Wissenschaft Juni 1988, 54 – 64

Piaget,J.: Erkenntnistheorie der Wissenschaften vom Menschen. Frankfurt a.M., Ber – lin,Wien 1973a

Piaget,J.: Theorien und Methoden der modernen Erziehung. Wien, München, Zürich 1975

Piaget,J.: Psychologie der Intelligenz. Freiburg i.Br. 1971

Piaget,J.: Einführung in die genetische Erkenntnistheorie. Frankfurt a.M. 1973b

Piaget,J.: Biologie und Erkenntnis. Frankfurt a.M. 1974

Polanyi, M.: Life's irreducible structure. Science 160(1968)1308

Popper,K.R. & J.C.Eccles: The Self and It's Brain. Berlin, Heidelberg, London, New York 1977

Portele,G.: Gestalttheorie, Theorie der Autopoiese und Gestalttherapie. Gestalt Theory 7(1985)4, 245 – 259

Portele,G.: Autonomie, Macht, Liebe. Frankfurt a.M.1989

Powers,W.T.: Quantitative Analysis of Purposive Systems: Some Spadework at the Foundations of Scientific Psychology. Psychol.Rev. 85(1978)417 – 435

Pribram,K.H. & E.H.Carlton: Holonomic Brain Theory in Imaging and Object Percep – tion. acta psychologica 63(1986)175 – 213

Pribram,K.H.: "Holism" could close Cognition era. APA – Monitor 9/85,5 – 6

Pribram,K.H.: Toward a holonomic theory of perception. in: Ertel et al. 1975

Pribram,K.H.: Holography and Brain Function. in: Adelman 1987,499 – 500

Prigogine,I.&I.Stengers: Entwicklung und Irreversibilität. in: Niedersen (Hg.) 1988, 143 – 166

Prigogine,I. & I.Stengers: Dialog mit der Natur. Neue Wege naturwissenschaftlichen Denkens. München, Zürich 1990

Prigogine,I.: Vom Sein zum Werden. Zeit und Komplexität in den Naturwissenschaften. München, Zürich 1988

Pylyshyn,Z.W.: What the mind's eye tells the mind's brain. A critique of mental image – ry. Psychol.Bull. 80(1973)   1 – 24

Pylyshyn,Z.W.: The imagery debate: Analogue media versus tacit knowledge. Psy – chol.Rev. 88(1981)16 – 45

Reilly,R.: On the Relationship Between Connectionism and Cognitive Science. The Irish Journal of Psychology 10   (1989)2,162 – 187

Regan,D.; K.Beverly & M.Cynander: Die Wahrnehmung von Bewegungen im Raum. Spektrum der Wissenschaft: Wahrnehmung und visuelles System. Heidelberg 1986, 90 – 103

Rensing,L.: Anpassung von Zellen an periodische Umweltveränderungen. Biol.Rundsch. 24(1986)5 – 15

Richards,J. & E.v.Glasersfeld: Die Kontrolle von Wahrnehmung und die Konstruktion von Realität. Erkenntnistheoretische Aspekte des Rückkopplungs – Kontroll – Systems. in: Schmidt 1987, 192 – 228

Riedl,R.: Über die Biologie des Ursachen – Denkens. Ein systemtheoretischer, evolu – tionistischer Versuch. mannheimer forum 78/79(1979)9 – 70

Riedl,R.: Biologie der Erkenntnis. Berlin, Hamburg 1981

Riedl,R.: Die Ordnung des Lebendigen. Systembedingungen der Evolution. Berlin, Hamburg 1975

Ritter,H. & T.Kohonen: Self – Organizing Semantic Maps. Biol.Cy – bern.61(1989)241 – 254

Rosenblueth,A.;N.Wiener&J.Bigelow: Behavior, Purpose and Teleology. Philosophy of Science 10(1943)18 – 24 (zit.n.   v.Glasersfeld 1987,53f)

Rosenfeld,G.: Theorie und Praxis der Lernmotivation. Berlin 1965

Roth,G.: Selbstreferentialität des Gehirns und die Prinzipien der Gestaltwahrnehmung.

Gestalt Theory 7(1985)4,   228 – 244

Roth,G.: Selbstorganisation und Selbstreferentialität als Prinzipien der Organisation von Lebewesen. Dialektik 12, Köln 1986a,194 – 213

Roth,G.: Selbstorganisation – Selbsterhaltung – Selbstreferentialität, Prinzipien der Organisation der Lebewesen und ihre Folgen für die Beziehung zwischen Organismus und Umwelt. in: Dress et al. (Hg.) 1986b

Roth,G.: Erkenntnis und Realität: Das reale Gehirn und seine Wirklichkeit. in: Schmidt (Hg.) 1987a, 229 – 255

Roth,G.: Autopoiese und Kognition: Die Theorie H.R.Maturanas und die Notwen – digkeit ihrer Weiterentwicklung. in: Schmidt (Hg.) 1987b,256 – 286

Ruben,P.: Wissenschaft als allgemeine Arbeit. SOPO (Berlin/W.) 2(1976)7 – 40

Rumelhart,D.E. & J.L.McClelland: An interactive activation model of context effects in letter perception. 2. The contextual enhancement effect and some texts and extensions of the model. Psychol.Rev. 89(1982)60 – 94

Rumelhart,D.E.; G.E.Hinton & R.J.Williams: Learning internal representations by backpropagating errors. Nature 323(1986)533 – 536

Rusch,G.: Theorie der Geschichte, Historiographie und Diachronologie. LUMIS – Schriften 11, Siegen 1986

Rusch,G.: Von einem konstruktivistischen Standpunkt. Erkenntnistheorie,Geschichte und Diachronie in der empirischen Literaturwissenschaft. Braunschweig, Wiesbaden 1985 (zit.n. Schmidt 1987)

Sarris,V. & A.Parducci(Hg.): Die Zukunft der experimentellen Psychologie. Berlin 1986

Sartre,J.P.: Das Sein und das Nichts. Versuch einer phänomenologischen Ontologie. Reinbek b.Hamburg 1989

Schank,R.C. & P.G.Childers: Der kognitive Computer. Die Zukunft der Künstlichen Intelligenz Chancen und Risiken. Köln 1986

Schellenberger,A.(Hg.): Enzymkatalyse. Jena 1989

Schenk,G.: Zur Geschichte der logischen Form. Bd.I. Berlin 1972

Schmetterer,L.: Allgemeine Systemtheorie. Nova Acta Leopoldina 226,47(1977) 19 – 5 – 216

Schmidt,S.J.: Einladung, Maturana zu lesen. in: Maturana 1982

Schmidt,S.J.(Hg.): Der Diskurs des Radikalen Konstruktivismus. Frankfurt a.M. 1987

Schmidt,S,J.(Hg.): Kognition und Gesellschaft. Der Diskurs des Radikalen Konstruktivismus II. Frankfurt a.M.   1991

Schmidt,S.J.: Selbstorganisation – Wirklichkeit – Verantwortung. Der wissenschaftliche Konstruktivismus als Erkenntnistheorie und Lebensentwurf. LUMIS – Schriften 9, Siegen 1986

Schmidt,S.J.: Vom Text zum Literatursystem. Skizze einer konstruktivistischen Empirischen Literaturwissenschaft.   LUMIS – Schriften 1, Siegen 1984

Schmidt,S.J.: Der Radikale Konstruktivismus: Ein neues Paradigma im interdisziplinären Diskurs. in: Schmidt (Hg.) 1987,11 – 88

Schmidt,S.J.: Über die Rolle von Selbstorganisation beim Sprachverstehen. in: Küppers (Hg.) Frankfurt a.M. 1990   (in Vorber.)

Schmitt,F.O.; P.Dev & B.H.Smith: Electrotonic processing of information by brain cells. Science 193(1976)114 – 120

Schrödinger,E.: Was ist Leben? Die lebende Zelle mit den Augen des Physikers betrachtet. München 1951

Schubert,V.(Hg.): Der Mensch und seine Gefühle. St.Ottilien 1985

Searle,J.R.: What is an Intentional State ? in: Dreyfus(Ed.) 1984, 259 – 276

Searle, J.R.: Geist, Hirn, Wissenschaft. Frankfurt a.M. 1986b

Searle,J.R.: Geist,Gehirn,Programm. in: Hofstadter & Dennett 1986a,337 – 356

Searle,J.R.: Consciousness, Unconsciousness, and Intentionality. Philosophical Topics XVII,1 (Spring 1989)

Searle,J.R.: Intentionalität. Frankfurt a.M. 1987

Searle,J.R.: Intrinsic Intentionality. (Author's Response) The Behavioral and Brain Sciences 3(1980)450 – 457

Searle,J.R.: Ist der menschliche Geist ein Computerprogramm ? Spektrum der Wis – senschaft 3/1990

Shannon,C.E. & W.Weaver: Mathematische Grundlagen der Informationstheorie. München, Wien 1976

Sheperd,R.N. & J.Metzler: Mental rotation of threedimensional objects. Science 171, 701 – 703

Shymko,R.M.; R.R.Klevecz & S.A.Kaufman: The Cell Cycle as an Oscillatory System. in: Edmunds (Ed.) 1984,273 – 294

Simon, H.A.: Invariants of Human Behavior. Annu.Rev.Psychol.1990.41:1 – 19

Simon,H.A.: Motivational and emotional controlls of cognition. Psy – chol.Rev.74(1967)29 – 39

Simonov,P.V.: Widerspiegelungstheorie und Psychophysiologie der Emotionen. Berlin 1975

Simonov,P.V.: Höhere Nerventätigkeit des Menschen. Motivationelle und emotionelle Aspekte. Berlin 1982

Singer,W.: Hirnentwicklung und Umwelt. Spektrum der Wissenschaft: Wahrnehmung und visuelles System. Heidelberg   1986,186 – 199

Sinz,R.: Zeitstrukturen und organismische Regulation. Berlin 1978

Sinz,R.: Chronopsychophysiologie. Berlin 1980

Sitte,P.: Die lebende Zelle als System, Systemelement und Übersystem. Nova Acta Leopoldina 226,47(1977)195 – 216

Sperry,R.W.: Chemoaffinity in the orderly growth of nerve fiber patterns and connec – tions. Proc.Natl.Acad.Sci.USA 50(1963),703 – 710

Spies,K. & F.W.Hesse: Interaktion von Emotion und Kognition. Psychol.Rundsch. 37(1986) 75 – 90

Sprung,L. & H.Sprung: Grundlagen der Methodologie und Methodik der Psychologie. Berlin 1987

Stadler,M. & P.Kruse: Gestalttheorie und Theorie der Selbstorganisation. Gestalt Theory 8(1986)2,75 – 98

Stein,W.D.: Movement of Molecules across Cell Membranes. New York 1967

Strube,G.: Neokonnektionismus: Eine neue Basis für die Theorie und Modellierung menschlicher Kognition ?   Psychologische Rundschau 41(1990)129 – 143

Suppes,P. & C.Crangle: Robots that learn. A Test of Intelligence. Revue Internationale de Philosophie 172(1990)1

Szentagothai,J.: Theorien zur Organisation und Funktion des Gehirns. Naturwiss. 72(1985) 303 – 309

Tembrock,G.: Verhaltensbiologie. Jena 1987

Thomae,H.(Hg.): Handwörterbuch der Psychologie.2/II.: Motivationspsychologie. Göttingen 1965

Thomae,H.: Motivation. in: Ansager & Wenninger 1980

Turing,A.M.: Maschinelle Rechner und Intelligenz. in: Hofstadter & Dennett 1986, 59 – 73

Turkle,S.: Die Wunschmaschine. Der Computer als zweites Ich. Reinbek b. Hamburg 1986 Vallee,R.: Plato's Cave Revisited. Kybernetes 19(1990)3

Vandervert,L.R.: Systems Thinking and Neurological Positivism: Further Elucidations and Implications. Systems Research 7(1990)1,1 – 17

Varela,F.J.: Principles of Biological Autonomy. Oxford, New York 1979

Varela,F.J.: Autonomie und Autopoiese. in: Schmidt (Hg.) 1987,119 – 132

Velickovskij,B.M.: Wissen und Handeln. Kognitive Psychologie aus tätigkeitstheoreti – scher Sicht. Berlin 1988

Vollmer,G.: Evolutionäre Erkenntnistheorie. Stuttgart 1987

Volpert,W.: Das Modell der hierarchisch – sequentiellen Handlungsorganisation. in: Hacker et al. 1983,38 – 58

Volpert,W.: Maschinen – Handlungen und Handlungsmodelle ein Plädoyer gegen die Normierung des Handelns. Gestalt Theory 6(1984)1,70 – 100

Volpert,W.: Gestaltbildung im Handeln – zur psychologischen Kritik des mechani – stischen Weltbildes. Gestalt Theory 8(1986)1,43 – 61

Volpert,W.: Kontrastive Analyse des Verhältnisses von Mensch und Rechner als

Grundlage des System – Designs.   Z.Arb.wiss.41(13NF)1987/3

Volpert,W.: Zauberlehrlinge. München 1988

Volpert,W.: Die "Humanisierung der Arbeit" und die Arbeitswissenschaft. Köln 1974

Vössing,A.: Arbeitsteiliges und kooperatives Problemlöseverhalten in Primatengruppen. Zool.Beitr. N.F.31(1987)3,   305 – 340

v.Bertalanffy,L.: An Outline of General System Theory. British J.Phil.Sci.1 (1950) 134

v.Bertalanffy,L.; W.Beier & R.Laue: Biophysik des Fließgleichgewichts. Berlin 1977

v.d.Malsburg,C. & J.D.Cowan: Outline of a theory for the ontogenesis of isoorientation domains in visual cortex.   Biol.Cybern.45(1982)49 – 56

v.Foerster,H.: Sicht und Einsicht. Versuche zu einer operativen Erkenntnistheorie. Braunschweig,Wiesbaden 1985

v.Foerster,H.: Erkenntnistheorien und Selbstorganisation. in: Schmidt 1987, 133 – – 158

v.Glasersfeld,E.: Konstruktivistische Diskurse. LUMIS – Schriften 2, Siegen 1984

v.Glasersfeld,E.: Cognition, Construction of Knowledge and Teaching. Synthese 80 (1989) 121 – 140

v.Glasersfeld,E.: Wissen, Sprache und Wirklichkeit. Arbeiten zum Radikalen Kon – struktivismus. Braunschweig,Wiesbaden 1987a

v.Glasersfeld,E.: Siegener Gespräche über Radikalen Konstruktivismus. in: Schmidt (Hg.) 1987(b), 401 – 440

Wake,D.B.; G.Roth & M.H.Wake: The problem of stasis in organismal evolution. J.theor. Biol. 101(1983)221 – 224

Walter,H.J.: Sind Gestalttheorie und Theorie der Autopoiese miteinander vereinbar? Eine polemische Erörterung am Beispiel des Stadler/Kruseschen Kompilierungsver − suchs. Gestalt Theory 10(1988)1,57 − 70

Watzlawick,P.; J.H.Beavin & D.O.Jackson: Menschliche Kommunikation. Formen, Störungen, Paradoxien. Bern, Stuttgart, Wien 1985

Weidhas,R.: Zur Kognitionstheorie Humberto Maturanas. Deutsche Zeitschr.f.Philos. 38 (1990)4, 363 − 372

Weiner,B.: Motivationspsychologie. Weinheim, Basel 1984

Weiss,P.: Empirische Grundlagen des Systemdenkens. Nova Acta Leopoldina 226,47(1 − 977) 325 − 334

Weiss,P.: Ein Beispiel für den Schichtendeterminismus. in: Koestler & Smythies 1970

Weiss,P.: The Science of Life. New York 1973 (zit.n. Capra 1984)

Weizenbaum,J.: Die Macht der Computer und die Ohnmacht der Vernunft. Frankfurt a.M. 1977

Weizsäcker,C.F.v.: Die philosophische Interpretation der modernen Physik. Nova Acta Leopoldina 207,37/2(1986)

Weizsäcker,C.F.v.: Evolution und Entropiewachstum. Nova Acta Leopoldina 206,37/1 (1972b) 515 − 530

Weizsäcker,C.F.v.: Vorbereitete Diskussionsbemerkung. Nova Acta Leopoldina 206,37/1 (1972a)515 − 530

Weizsäcker,E.v. & C.v.Weizsäcker: Wiederaufnahme der begrifflichen Frage: Was ist Information? Nova Acta Leopoldina 206,37/1 (1972) 535 − 556

Wertheimer,M.: Über Gestalttheorie. Gestalt Theory 7(1985)2,99 − 120

Wilson,D.B.: Cellular Transport Mechanisms. Annu.Rev.Biochem.47(1978)933 – 965

Winfree,A.T.: Integrated view of resetting a circadian clock. J.theor.Biol. 28(1970) 327 – 374

Witelson,S.F. & D.L.Kigar: Asymmetry in brain function follows asymmetry in anato – mical form: gross, microscopic, post mortem and imaging studies. in: Boller & Grafman 1988

Wolf,G.: Neurobiologie.Berlin 1974

Wolpert,L.: Pattern formation in Biological Development. Scientific American 239 (1978)4, 124 – 137

Wuketits,F.M.: Evolutionstheorien. Historische Voraussetzungen, Positionen, Kritik. Darmstadt 1988

Zajonc,R.B.: Feeling and Thinking. Preferences need no inferences. American Psycho – logist 35(1980)151 – 175

Zajonc,R.B.: Bischofs gefühlvolle Verwirrungen über die Gefühle. Psychol.Rundsch. 40(1989) 218 – 221

Ziemke,A. & K.Stöber: Autopoiese – Subjekt – Wirklichkeit. Deutsche Zeitschr.f. Philos. 38(1990)10

Ziemke,A.: Zur Differenz der Begriffe "Strukturdeterminiertheit" und "Operationale Geschlossenheit". Eine Bemerkung zur Diskussion H.Frank vs.A.Nünning. grkg/Hu – mankybernetik 31(1990a)2, 59 – 63

Ziemke,A. & K.Stöber: System und Subjekt. in: Schmidt (Hg.) 1991

Ziemke,A.: Biologie der Kognition und Transklassische Logik. Klagenfurter Beiträge zur Technikdiskussion 45 (1991a)

Ziemke,A.: Selbstorganisation und Transklassische Logik. Selbstorganisation 2(1991b) (im Druck)